Technisches Hilfsbuch

der

Österreichisch-Alpinen Montangesellschaft

Springer-Verlag Wien GmbH

ISBN 978-3-7091-5290-4   ISBN 978-3-7091-5438-0 (eBook)
DOI 10.1007/978-3-7091-5438-0

Vorwort

Das vorliegende Hilfsbuch soll einem in den Kreisen der österr. Berg- und Hütteningenieure und Techniker lange empfundenen Bedürfnisse abhelfen, es soll kein Lehr- oder Handbuch sein, sondern eine kurze Zusammenstellung jener in Berechnungen unseres Faches häufig vorkommenden Werte in handlicher Form, die bisher nur zerstreut, oft in kostspieligen, dickleibigen Werken, vielfach noch dazu untereinander nicht übereinstimmend, vorfindbar waren.

Es soll ermöglichen, daß eine größere Zahl von Technikern als bisher mit gleichen Werten gleichartig zu rechnen vermag und daß Kontrollen von Berechnungen mit geringerem Arbeitsaufwand und mehr Aussicht auf Erfolg als bisher durchgeführt werden können.

Die Herausgeber sind sich bewußt, mit der Zusammenstellung und Auswahl, die vielfach mit Umrechnungen zwecks Erzielung von Einheitlichkeit verbunden waren, nicht etwas geschaffen zu haben, was keiner Verbesserung mehr bedürfte, sie werden vielmehr allen jenen dankbar sein, die ihnen für künftige Auflagen mit Verbesserungs- und Ergänzungsvorschlägen helfend zur Seite treten. Nur durch Zusammenarbeit der Benützer und Herausgeber wird es möglich sein, die Brauchbarkeit des Büchleins zu heben.

An Literatur wurden benützt:

in erster Linie die Veröffentlichungen der Wärmestelle Düsseldorf
„Hütte", des Ingenieurs Taschenbuch. Berlin: W. Ernst u. Sohn
Schuchardt-Schütte: Techn. Hilfsbuch, 6. Aufl. Berlin: J. Springer. 1923
Landolt-Börnstein: Physikalisch-chemische Tabellen, 5. Aufl. Berlin: J. Springer. 1926
Richards, J.: Metallurgische Berechnungen. Unveränderter Neudruck. Berlin: J. Springer. 1925
Zeitschrift „Glückauf". Essen
Mollier, R.: Neue Tabellen und Diagramme für Wasserdampf, 4. Aufl. Berlin: J. Springer. 1923
Kalender für Elektrotechniker. München: R. Oldenbourg
Seufert, F.: Verbrennungslehre und Feuerungstechnik, 2. Aufl. Berlin: J. Springer. 1923
und zahlreiche andere Handbücher und Kalender.

Wien, im Januar 1928

Österr.-Alpine Montan-Gesellschaft

I. Bezeichnungen

Zeichen	Physikalische Größe oder Eigenschaft	Beziehungs-gleichungen	Dimension	Technische Einheit		
				Zeichen	Name oder Bezeichnung	Wert in CGS

Die Vielfachen und Teile von Einheiten werden aus letzteren durch Vorsetzen geeigneter Buchstaben abgeleitet. $M = 10^6$; $k = 10^3$; $h = 10^2$; $d = 10^{-1}$; $c = 10^{-2}$; $m = 10^{-3}$; $\mu = 10^{-6}$.

1. Grundmaße

Zeichen	Physikalische Größe oder Eigenschaft	Beziehungs-gleichungen	Dimension	Zeichen	Name oder Bezeichnung	Wert in CGS
l	Länge		L	cm	Zentimeter	1
				m	Meter	10^2
				μ	Mikron = = 0,001 mm	10^{-4}
m	Masse		M	g	Gramm	1
				kg	Kilogramm	10^3
				γ	= 0,001 mg	10^{-6}
t	Zeit		T	st	Stunde ⎫ Zeit-	1
				m od. min	Minute ⎬ räume	60
				s od. sek	Sekunde ⎭	3600
				h	⎫ Zeitpunkte,	
				min	⎬ Uhrzeiten,	
				sek	⎭ Zeichen erhöht	

2. Zahlen, geometrische und mechanische Größen

Zeichen	Physikalische Größe oder Eigenschaft	Beziehungs-gleichungen	Dimension	Zeichen	Name oder Bezeichnung	Wert in CGS
α, β.	Winkel, Bogen		0		$\arcsin 57{,}296^0 = 1$	
ψ	Voreilwinkel, Phasen-verschiebung		0			
η	Wirkungsgrad		0			
N	Windungszahl		0			
r	Halbmesser	⎫				
d	Durchmesser	⎬ L				
λ	Wellenlänge	⎭				
F	Fläche, Oberfläche	⎫		m²	Quadratmeter	10^4
		⎬ L²				
q	Querschnitt	⎭		cm²	Quadratzentimeter	1
				a	Ar = 100 m²	10^6

Zeichen	Physikalische Größe oder Eigenschaft	Beziehungsgleichungen	Dimension	Technische Einheit		
				Zeichen	Name oder Bezeichnung	Wert in CGS
V	Raum, Volumen		L^3	m^3	Kubik(Raum)meter	10^6
				cm^3	Kubikzentimeter	1
				l	Liter	10^3
				λ	$= 0,001$ ml	10^{-3}
v	Geschwindigkeit		LT^{-1}			
g	Fallbeschleunigung					
a	Beschleunigung		LT^{-2}			
n	Umlaufzahl			U/min	Umdrehungen in 1 min	$1/60$
ω	Winkelgeschwindigkeit		T^{-1}	Per/sek	Perioden in 1 sek	1
v	Frequenz				Perioden in 2π sek	$1/2\pi$
ω	Kreisfrequenz					
P	Kraft	$P = m \cdot a$	LMT^{-2}	kg*	Kilogramm-Kraft	$981 \cdot 10^3$
				kb	Kilobar	
				g*	Gramm-Kraft	981
				b	Bar	
A	Arbeit	$A = P \cdot l$	L^2MT^{-2}	kgm	Kilogrammeter	$98,1 \cdot 10^6$
				ft lb	engl. Fußpfund	$13,4 \cdot 10^2$
W	Energie			kWst	Kilowattstunde	$36 \cdot 10^{16}$
N	Leistung, Effekt	$N = A/t$	L^2MT^{-3}	kW	Kilowatt	10^{10}
				GP	Großpferd = $= 102$ kgm/sek	10^{10}
				P	Pferd = $= 75$ kgm/sek	$736 \cdot 10^7$
				HP	Horsepower, engl.	$746 \cdot 10^7$
p	Druck, Spannung	$p = P/q$	$L^{-1}MT^{-2}$	kg*/mm²	Kilogramm auf das Quadratmillimeter	$98,1 \cdot 10^6$
				Atm	physikal. Atmosphäre 76 cm Hg von 0⁰	$1,013 \cdot 10^6$
				at	technische Atm. 1 at = 1 kg*/cm²	$98,8 \cdot 10^4$

Zeichen	Physikalische Größe oder Eigenschaft	Beziehungs-gleichungen	Dimension	Technische Einheit		
				Zeichen	Name oder Bezeichnung	Wert in CGS
Θ	Trägheits-moment		L^2M			
D	Dreh- und sta-tisches Mo-ment		L^2MT^{-2}			
M	Biegungs-moment		L^2MT^{-2}			
δ	Dichte		$L^{-3}M$			
E	Elastizitäts-modul	$a = 1/E$	$L^{-1}MT^{-2}$			
a	Dehnungs-koeffizient		$LM^{-1}T^2$			

3. Wärme

Zeichen	Physikalische Größe oder Eigenschaft	Beziehungs-gleichungen	Dimension	Technische Einheit		
				Zeichen	Name oder Bezeichnung	Wert in CGS
T	Temperatur, absolute	$T = 273 + t$				
t	Temperatur vom Eis-punkt					
Q	Wärmemenge			cal kcal	Gramm-kalorie Kilogramm-kalorie	$4,189 \cdot 10^7$ $4,189 \cdot 10^{10}$
c	spezifische Wärme	$c = Q/m\,(t2-t1)$			1 kcal (15°) = 427,2 kgm	
c_p	spezifische Wärme bei konstantem Druck				1 BThU (British Thermal Unit) = 778 ft lbs = 107,6 kgm = 0,252 kcal	
c_v	spezifische Wärme bei konstantem Volumen					
a	Wärmeausdeh-nungskoeffi-zient					

Die **Schriftleitung der Zeitschrift des Vereines deutscher Ingenieure** hat die Formelzeichen des A. E. F. im allgemeinen übernommen und gebraucht noch nachfolgende (teilweise abweichende) Bezeichnungen.

cal	Kalorie, Grammkalorie	ltr/sk	Liter in 1 Sekunde
kcal	Kilogrammkalorie	m/sk	Meter in 1 Sekunde
Amp.	Ampere	$\mathcal{M}$	Mark
V.	Volt	$\mathcal{M}/t$	Mark für die Tonne
kW	Kilowatt	PS.	Pferdestärke
kVA	Kilovoltampere	PS$_i$	indizierte Pferdestärke
1 at	1 Atmosphäre	PS$_e$	effektive Pferdestärke
Atm.-Linie .	Atmosphärenlinie	PS-st	Pferdekraftstunde
at abs.	Atmosphären absolut	Q.-S.	Quecksilbersäule
Dmr.	Durchmesser	qkm	km²
für 1 m . . .	für das laufende Meter	rd.	rund, etwa
HD-Zyl. . .	Hochdruckzylinder	S.-O.	Schienenoberkante
ND-Kolben.	Niederdruckkolben	500 Uml./min	500 Minutenumdreh-
kg/qcm . . .	Kilogramm für		ungen (Touren)
	1 Quadratzentimeter	v H	°/₀
sk	Sekunde	v T	°/₀₀
st	Stunde	W.-S.	Wassersäule
min	Minute	lg	log
km/st	Kilometer in 1 Stunde	Kn.	Knoten
l. W.	lichte Weite	ln	Log. natur.
ltr	Liter	Mill.	Million

Tafel über die Maßeinheiten für Energie und ihr gegenseitiges Verhältnis

(Zur Tafel auf Seite 9.)

Dyn ist diejenige Kraft, die der Maßeneinheit in der Zeiteinheit die Geschwindigkeit 1 erteilt.

Erg wird von der Kraft 1 Dyn auf dem Wege der Längeneinheit verrichtet.

Volt-Ampere × sek. = 1 Wattsekunde = 1 Joule wird geleistet, wenn der Strom von 1 Ampere im Widerstande von 1 Ohm während 1 Sekunde fließt.

kleine **15⁰-Kalorie, Grammkalorie,** ist die Wärmemenge, die erforderlich ist, um 1 g Wasser bei 15⁰ C um 1⁰ zu wärmen.

Literatmosphäre ist die Arbeit, die der Vermehrung des Volumens um 1 Liter unter dem konstanten Drucke von 1 Atmosphäre (= 1013300 Dynen/cm²) entspricht.

Kilogrammeter ist die Arbeit, die durch Hebung von 1 kg um 1 m entgegen der Anziehungskraft der Erde unter 45⁰ Breite im Meeresniveau geleistet wird.

Die letzte Horizontalreihe enthält die auf ein **Mol** (Gramm-Molekül) bezogene **Gaskonstante R,** ausgedrückt in den verschiedenen Einheiten, samt den zugehörigen Logarithmen.

Die den Umrechnungen zugrunde gelegten Ausgangswerte (vgl. Kohlrausch, Prakt. Phys. und Beschlüsse des A. E. F.) sind fett gedruckt.

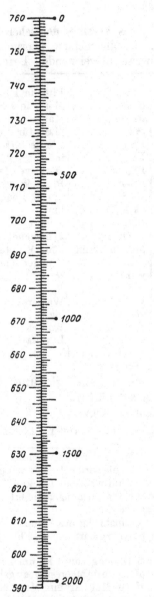

mm Hg   mm H₂O
Umwandlung von Angaben in Milli-
metern Quecksilbersäule in Millimeter
Wassersäule und umgekehrt

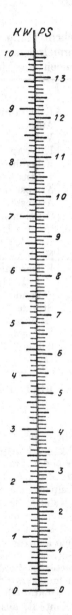

Umwandlung von Kilowatt in
Pferdekräfte und umgekehrt

	Erg	Wattsekunde Joule	Kl. 15°-Kalorie	Literatmosphäre	Meterkilogramm	Pferdestärke × Sekunde
1 Erg =	1	10^{-7}	$2{,}387 \cdot 10^{-8}$	$9{,}869 \cdot 10^{-10}$	$1{,}0198 \cdot 10^{-8}$	$1{,}3597 \cdot 10^{-10}$
lg. . . .		3,00000−10	2,37789−10	0,99428−10	2,00851−10	0,13345−10
1 Wattsekunde = 1 Joule	10^7	1	$0{,}2387$	$9{,}869 \cdot 10^{-3}$	0,10198	$1{,}3597 \cdot 10^{-3}$
lg. . . .	7.00000		9,37789−10	7,99428−10	9,00851−10	7,13345−10
1 Kl.15°-Kalorie =	$4{,}189 \cdot 10^7$	$4{,}189$	1	0,04134	0,4272	$5{,}696 \cdot 10^{-3}$
lg. . . .	7,62211	0,62211		8,61639−10	9,63062−10	7,75556−10
1 Literatmosphäre =	$1{,}0133 \cdot 10^9$	$1{,}0133 \cdot 10^2$	24,19	1	$10{,}333$	0,1378
lg. . . .	9,00572	2,00572	1,38361		1,01423	9,13917−10
1 Meterkilogramm =	$9{,}806 \cdot 10^7$	9,806	2,341	$9{,}678 \cdot 10^{-2}$	1	$1{,}333 \cdot 10^{-2}$
lg. . . .	7,99149	0,99149	0,36938	8,98577−10		8,12494−10
1 Pferdestärke × Sekunde =	$7{,}355 \cdot 10^9$	$7{,}355 \cdot 10^2$	175,6	7,256	$75{,}00$	1
lg. . . .	9,86655	2,86655	2,24444	0,86083	1,87506	
$\dfrac{R}{Mol} =$	$8{,}316 \cdot 10^7$	8,316	1,985	$8{,}207 \cdot 10^{-2}$	0,8481	$1{,}131 \cdot 10^{-2}$
lg. . . .	7,91991	0,91991	0,29776	8,91418−10	9,92845−10	8,05331.10

II. Maße,
a) Längen-
Englische Zoll und

Zoll	0	$\frac{1}{16}$	$\frac{1}{8}$	$\frac{3}{16}$	$\frac{1}{4}$	$\frac{5}{16}$	$\frac{3}{8}$	$\frac{7}{16}$
0	0,000	1,588	3,175	4,763	6,350	7,938	9,525	11,113
1	25,401	26,989	28,576	30,164	31,751	33,339	34,926	36,514
2	50,802	52,389	53,977	55,565	57,152	58,740	60,327	61,915
3	76,203	77,790	79,378	80,966	82,553	84,141	85,728	87,316
4	101,60	103,19	104,78	106,37	107,95	109,54	111,13	112,72
5	127,00	128,59	130,18	131.77	133,36	134,94	136,53	138,12
6	152,41	153,99	155,58	157,17	158,76	160,34	161,93	163,52
7	177,81	179,39	180,98	182,57	184,16	185,74	187,33	188,92
8	203,21	204,80	206,38	207,97	209,56	211,15	212,73	214,32
9	228,61	230,20	231,78	233,37	234,96	236,55	238,13	239,72
10	254,01	255,60	257,18	258,77	260,36	261,95	263,53	265,12
11	279,41	280,90	282,59	284,17	285,77	287,35	288,94	290,52
12	304,81	306,40	307,99	309,57	311,16	312,75	314,34	315,92
13	330,21	331,80	333,39	334,98	336,56	338,15	339,74	341,33
14	355,61	357,20	358.79	360,38	361,96	363,55	365,14	366,73
15	381,01	382,60	384,19	385,78	387,36	388,95	390,54	392,13
16	406,42	408,00	409,59	411,18	412,77	414,35	415,94	417,53
17	431,82	433,40	434,99	436,58	438,17	439,75	441,34	442,93
18	457,22	558,80	460,39	461,98	463,57	465,15	466,74	468,33
19	482,62	484,21	485,79	487,38	488,97	490,56	492,14	493.73
20	508,02	509,61	511,19	512,78	514,37	515,96	517,54	519,13
21	533,42	535,01	536,60	538,18	539,77	541,36	542,95	544,53
22	558,82	560,41	562,00	563,58	565,17	566,76	568,35	569,93
23	584,22	585,81	587,40	588,98	590,57	592,16	593,75	595,33
24	609,62	611,21	612,80	614,39	615,97	617,56	619,15	620,74
25	635,02	636,61	638,20	639,79	641,37	642,96	644,55	646,14

Umwandlungen
maße
Bruchteile → mm

$^1/_2$	$^9/_{16}$	$^5/_8$	$^{11}/_{16}$	$^3/_4$	$^{13}/_{16}$	$^7/_8$	$^{15}/_{16}$	Zoll
12,700	14,288	15,876	17,463	19,051	20,638	22,226	23,813	0
38,101	39,689	41,277	42,864	44,452	46,039	47,627	49,214	1
63,502	65,090	66,678	68,265	69,853	71,440	73,028	74,615	2
88,903	90,491	92,078	93,666	95,254	96,841	98,429	100,02	3
114,30	115,89	117,48	119,07	120,65	122,24	123,83	125,42	4
139,71	141,29	142,88	144,47	146,06	147,64	149,23	150,82	5
165,11	166,69	168,28	169,87	171,46	173,04	174,63	176,22	6
190,51	192,09	193,68	195,27	196,86	198,44	200,03	201,62	7
215,91	217,50	219,08	220,67	222,26	223,85	225,43	227,02	8
241,31	242,90	244,48	246,07	247,66	249,25	250,83	252,42	9
266,71	268,30	269,89	271,47	273,06	274,65	276,24	277,82	10
292,11	293.70	295,29	296,87	298,46	300,05	301,64	303,22	11
317,51	319,10	320,69	322,2⁷	323,86	325,45	327,04	328,62	12
342,91	344,50	346,09	347,68	349,26	350,85	352,44	354,03	13
368,31	369,90	371,49	373,08	374,66	376,25	377,84	379,43	14
393,71	395,30	396.89	398,48	400,07	401,65	403,24	404,83	15
419,12	420,70	422,29	423,88	425,47	427,05	428,64	430,23	16
444,52	446,10	447,69	449,28	450,87	452,45	454,04	455,63	17
469,92	471,51	473,09	474,68	476,27	477,86	479,44	481,03	18
495,32	496,91	498,49	500,08	501,67	503,26	504,84	506,43	19
520,72	522,31	523,89	525,48	527,07	528,66	530,24	531,83	20
546,12	547,71	549,30	550,88	552,47	554,06	555,65	557,23	21
571,52	573,11	574,70	576,28	577,87	579,46	581,05	582.63	22
596,92	598,51	600,10	601,69	603,27	604,86	606,45	608,04	23
622,32	623,91	625,50	627,09	628,67	630,26	631,85	633,44	24
647,72	649,31	650,90	652,49	654,07	655,66	657,25	658,84	25

II. Maße, Umwandlungen

Englische Fuß und Zoll → mm

1 engl. Fuß = 12 Zoll

Fuß	0	1″	2″	3″	4″	5″
0		25,401	50,802	76,203	101,604	127,005
1	304,811	330,212	355,613	381,014	406,415	431,816
2	609,623	635,024	660,425	685,826	711,226	736,628
3	914,434	939,835	965,236	990,637	1016,038	1041,439
4	1219,246	1244,647	1270,048	1295,449	1320,849	1346,251
5	1524,057	1549,458	1574,859	1600,260	1625,661	1651,062
6	1828,869	1854,270	1879,671	1905,072	1930,472	1955,873
7	2133,680	2159,081	2184,482	2209,883	2235,284	2260,685
8	2438,492	2463,892	2489,293	2514,694	2540,095	2565,496
9	2743,303	2768,704	2794,105	2819,506	2844,907	2870,308
10	3048,114	3073,515	3098,916	3124,317	3149,718	3175,119

Fuß	6″	7″	8″	9″	10″	11″
0	152,406	177,807	203,208	228,609	254,010	279,410
1	457,217	482,618	508,019	533,420	558,821	584,222
2	762,029	787,430	812,831	838,231	863,632	889,033
3	1066,840	1092,241	1117,642	1143,043	1168,444	1193,845
4	1371,651	1397,052	1422,453	1447,854	1473,255	1498,656
5	1676,463	1701,864	1727,265	1752,666	1778,067	1803,468
6	1981,274	2006,675	2032,076	2057,477	2082,878	2108,279
7	2286,086	2311,487	2336,888	2362,289	2387,690	2413,091
8	2590,897	2616,298	2641,699	2667,100	2692,501	2717,902
9	2895,709	2921,110	2946,511	2971,912	2997,313	3022,713
10	3200,520	3225,921	3251,322	3276,723	3302,124	3327,525

1 Yard	= 0,9143835 m		1 Seemeile	= 1,852010 km
1 engl. Meile	= 1,609315 km		1 geogr. Meile	= 7,420439 „

b) Druck

1 alte Atmosphäre = 760 mm Hg Säule von 0° C = 1,03329 kg/cm²
1 neue „ (at) = 735 „ „ „ „ 0° C = 1,00 kg/cm²

von $WS \rightarrow$ mm Hg Säule

Wasser	Q.-S.	Wasser	Q.-S.	Wasser	Q.-S.	Wasser	Q.-S.
		26	1,91	51	3,75	76	5,59
		27	1,99	52	3,82	77	5,66
		28	2,06	53	3,90	78	5,74
		29	2,13	54	3,97	79	5,81
		30	2,21	55	4,05	80	5,88
		31	2,28	56	4,12	81	5,96
		32	2,35	57	4,19	82	6,03
		33	2,43	58	4,27	83	6,10
		34	2,50	59	4,34	84	6,18
10	0,74	35	2,57	60	4,41	85	6,25
11	0,81	36	2,65	61	4,49	86	6,33
12	0,88	37	2,72	62	4,56	87	6,40
13	0,96	38	2,79	63	4,63	88	6,47
14	1,03	39	2,87	64	4,71	89	6,55
15	1,10	40	2,94	65	4,78	90	6,62
16	1,18	41	3,02	66	4,85	91	6,69
17	1,25	42	3,09	67	4,93	92	6,77
18	1,32	43	3,16	68	5,00	93	6,84
19	1,40	44	3,24	69	5,08	94	6,91
20	1,47	45	3,31	70	5,15	95	6,99
21	1,54	46	3,38	71	5,22	96	7,06
22	1,62	47	3,46	72	5,30	97	7,13
23	1,69	48	3,53	73	5,37	98	7,21
24	1,77	49	3,60	74	5,44	99	7,28
25	1,84	50	3,68	75	5,52	100	7,36

Anwendung von englischen Pfund/Quadratzoll → kg/cm

Pfund/Quadrat-zoll	0	1	2	3	4	5	6	7	8	9
0		0,070	0,141	0,211	0,281	0,352	0,422	0,492	0,562	0,633
10	0,703	0,773	0,844	0,914	0,984	1,055	1,125	1,195	1,266	1,336
20	1,406	1,477	1,547	1,617	1,687	1,758	1,828	1,898	1,969	2,039
30	2,109	2,180	2,250	2,320	2,391	2,461	2,531	2,601	2,672	2,742
40	2,812	2,883	2,953	3,023	3,094	3,164	3,234	3,305	3,375	3,445
50	3,515	3,586	3,656	3,726	3,797	3,867	3,937	4,008	4,078	4,148
60	4,219	4,289	4,359	4,430	4,500	4,570	4,640	4,711	4,781	4,851
70	4,922	4,992	5,062	5,133	5,203	5,273	5,344	5,415	5,484	5,554
80	5,625	5,695	5,765	5,836	5,906	5,976	6,047	6,117	6,187	6,258
90	6,328	6,398	6,468	6,539	6,609	6,679	6,750	6,820	6,891	6,961
100	7,031	7,101	7,172	7,242	7,312	7,383	7,453	7,523	7,593	7,664

c) Arbeit und Wärme

Umrechnungszahlen englischer und amerikanischer Angaben auf deutsches Maß für die Umrechnung von

	Joule	KW h	mkg	PS h	kgcal	F.P.	B.T.U.	1 kg C	12 gr C
Joule	1	$27{,}77.10^{-8}$	0,102	$37{,}75.10^{-8}$	0,000239	0,737	0,000947	$0{,}29.10^{-7}$	24.10^{-7}
KW h	3600.10^{3}	1	366 973	1,3592	861,29	2654417	3411	0,106	8,83
mkg	9,81	$0{,}272.10^{-5}$	1	$0{,}37.10^{-5}$	0,00235	7,231	0,00929	$0{,}28.10^{-6}$	23.10^{-6}
PS h	2648700	0,736	270 000	1	633,69	1952855	2509	0,077	6,41
kgcal	4179	0,001161	426	0,001578	1	3081,25	3,959	0,000123	0,0102
Foot-pound (F.P.)	1,3567	$3{,}768.10^{-7}$	0,1383	$5{,}121.10^{-7}$	0,000325	1	0,00128	$0{,}394.10^{-7}$	$32{,}83.10^{-7}$
British ther. unit.	1053	$0{,}293.10^{-3}$	107,35	$0{,}398.10^{-3}$	0,252	776,44	1	0,000031	0,00258
1 kg C	33988.10^{3}	9,441	3464658	12,83	8133	25058.10^{3}	32075	1	83,33
1 mol (12 gr) C	407856	0,11329	41576	0,15396	97,6	300700	384,9	0,012	1

1 HP = 1,014 PS = 0,7457 KW = 76,04 kg/sec.

d) Leistung

PS	engl. HP	$\frac{kgm}{sec}$	$10^{10} \frac{Erg}{sec}$	int. kW	$10^{3} \frac{kcal/15}{h}$
1	0,98634	75	0,73550	0,73512	0,63248
1,01385	1	76,039	0,74568	0,74530	0,64124
1,33333	1,31512	100	0,98066	0,98016	0,84331
1,35962	1,34105	101,972	1	0,99949	0,85994
1,36081	1,34173	102,024	1,00051	1	0,86038
1,58106	1,56947	118,580	1,16287	1,16228	1

1 engl. HP = 550 Fußpfund/Sekunde

e) **Temperatur**

Vergleich der Thermometergrade:

$$C = \frac{5}{4} R = \frac{5}{9} (F - 32)$$

$$R = \frac{4}{5} C = \frac{4}{9} (F - 32)$$

$$F = 32 + \frac{9}{5} C = 32 + \frac{9}{4} R$$

Vergleich der Wärmegrade nach C, R und F
+ über, — unter Null

C⁰	R⁰	F⁰	C⁰	R⁰	F⁰	C⁰	R⁰	F⁰	C⁰	R⁰	F⁰
— 15	— 12	+ 5	80	64	176	175	140	347	270	216	518
— 10	— 8	+14	85	68	185	180	144	356	275	220	527
— 5	— 4	+23	90	72	194	185	148	365	280	224	536
— 0	— 0	+32	95	76	203	190	152	374	285	228	545
+ 5	+ 4	41	100	80	212	195	156	383	290	232	554
10	8	50	105	84	221	200	160	392	295	236	563
15	12	59	110	88	230	205	164	401	300	240	572
20	16	68	115	92	239	210	168	410	305	244	581
25	20	77	120	96	248	215	172	419	310	248	590
30	24	86	125	100	257	220	176	428	315	252	599
35	28	95	130	104	266	225	180	437	320	256	608
40	32	104	135	108	275	230	184	446	325	260	617
45	36	113	140	112	284	235	188	455	330	264	626
50	40	122	145	116	293	240	192	464	335	268	635
55	44	131	150	120	302	245	196	473	340	272	644
60	48	140	155	124	311	250	200	482	345	276	653
65	52	149	160	128	320	255	204	491	350	280	662
70	56	158	165	132	329	260	208	500	355	284	671
75	60	167	170	136	338	265	212	509	360	288	680

C⁰	R⁰	F⁰	C⁰	R⁰	F⁰	C⁰	R⁰	F⁰	C⁰	R⁰	F⁰
365	292	689	500	400	932	635	508	1175	770	616	1418
370	296	698	505	404	941	640	512	1184	775	620	1427
375	300	707	510	408	950	645	516	1193	780	624	1436
380	304	716	515	412	959	650	520	1202	785	628	1445
385	308	725	520	416	968	655	524	1211	790	632	1454
390	312	734	525	420	977	660	528	1220	795	636	1463
395	316	743	530	424	986	665	532	1229	800	640	1472
400	320	752	535	428	995	670	536	1238	805	644	1481
405	324	761	540	432	1004	675	540	1247	810	648	1490
410	328	770	545	436	1013	680	544	1256	815	652	1499
415	332	779	550	440	1022	685	548	1265	820	656	1508
420	336	788	555	444	1031	690	552	1274	825	660	1517
425	340	797	560	448	1040	695	556	1283	830	664	1526
430	344	806	565	452	1049	700	560	1292	835	668	1535
435	348	815	570	456	1058	705	564	1301	840	672	1544
440	352	824	575	460	1067	710	568	1310	845	676	1553
445	356	833	580	464	1076	715	572	1319	850	680	1562
450	360	842	585	468	1085	720	576	1328	855	684	1571
455	364	851	590	472	1094	725	580	1337	860	688	1580
460	368	860	595	476	1103	730	584	1346	865	692	1589
465	372	869	600	480	1112	735	588	1355	870	696	1598
470	376	878	605	484	1121	740	592	1364	875	700	1607
475	380	887	610	488	1130	745	596	1373	880	704	1616
480	384	896	615	492	1139	750	600	1382	885	708	1625
485	388	905	620	496	1148	755	604	1391	890	712	1634
490	392	914	625	500	1157	760	608	1400	895	716	1643
495	396	923	630	504	1166	765	612	1409	900	720	1652

C⁰	R⁰	F⁰	C⁰	R⁰	F⁰	C⁰	R⁰	F⁰	C⁰	R⁰	F⁰
905	724	1661	1040	832	1904	1175	940	2147	1310	1048	2390
910	728	1670	1045	836	1913	1180	944	2156	1315	1052	2399
915	732	1679	1050	840	1922	1185	948	2165	1320	1056	2408
920	736	1688	1055	844	1931	1190	952	2174	1330	1064	2426
925	740	1697	1060	848	1940	1195	956	2183	1340	1072	2444
930	744	1706	1065	852	1949	1200	960	2192	1350	1080	2462
935	748	1715	1070	856	1958	1205	964	2201	1360	1088	2480
940	752	1724	1075	860	1967	1210	968	2210	1370	1096	2498
945	756	1733	1080	864	1976	1215	972	2219	1380	1104	2516
950	760	1742	1085	868	1985	1220	976	2228	1390	1112	2534
955	764	1751	1090	872	1994	1225	980	2237	1400	1120	2552
960	768	1760	1095	876	2003	1230	984	2246	1410	1128	2570
965	772	1769	1100	880	2012	1235	988	2255	1420	1136	2588
970	776	1778	1105	884	2021	1240	992	2264	1430	1144	2606
975	780	1787	1110	888	2030	1245	996	2273	1440	1152	2624
980	784	1796	1115	892	2039	1250	1000	2282	1450	1160	2640
985	788	1805	1120	896	2048	1255	1004	2291	1460	1168	2660
990	792	1814	1125	900	2057	1260	1008	2300	1470	1176	2678
995	796	1823	1130	904	2066	1265	1012	2309	1480	1184	2696
1000	800	1832	1135	908	2075	1270	1016	2318	1490	1192	2714
1005	804	1841	1140	912	2084	1275	1020	2327	1500	1200	2732
1010	800	1850	1145	916	2093	1280	1024	2336	1510	1208	2750
1015	812	1859	1150	920	2102	1285	1028	2345	1520	1216	2768
1020	816	1868	1155	924	2111	1290	1032	2354	1530	1224	2786
1025	820	1877	1160	928	2120	1295	1036	2363	1540	1232	2804
1030	824	1886	1165	932	2129	1300	1040	2372	1550	1240	2822
1035	828	1895	1170	936	2138	1305	1044	2381	1560	1248	2840

C⁰	R⁰	F⁰	C⁰	R⁰	F⁰	C⁰	R⁰	F⁰	C⁰	R⁰	F⁰
1570	1256	2858	1680	1344	3056	1790	1432	3254	1900	1520	3452
1580	1264	2876	1690	1352	3074	1800	1440	3272	1910	1528	3470
1590	1272	2894	1700	1360	3092	1810	1448	3290	1920	1536	3488
1600	1280	2912	1710	1368	3110	1820	1456	3308	1930	1544	3506
1610	1288	2930	1720	1376	3128	1830	1464	3326	1940	1552	3524
1620	1296	2948	1730	1384	3146	1840	1472	3344	1950	1560	3542
1630	1304	2966	1740	1392	3164	1850	1480	3362	1960	1568	3560
1640	1312	2984	1750	1400	3182	1860	1488	3380	1970	1576	3578
1650	1320	3002	1760	1408	3200	1870	1496	3398	1980	1584	3596
1660	1328	3020	1770	1416	3218	1880	1504	3416	1990	1592	3614
1670	1336	3038	1780	1424	3236	1890	1512	3434	2000	1600	3632

Segerkegel

Nr. 7	1230⁰	Nr. 28	1630⁰
8	1250⁰	29	1650⁰
9	1280⁰	30	1670⁰
10	1300⁰	31	1690⁰
11	1320⁰	32	1710⁰
12	1350⁰	33	1730⁰
13	1380⁰	34	1750⁰
14	1410⁰	35	1770⁰
15	1435⁰	36	1790⁰
16	1460⁰	37	1825⁰
17	1480⁰	38	1850⁰
18	1500⁰	39	1880⁰
19	1520⁰	40	1920⁰
20	1530⁰	41	1960⁰
26	1580⁰	42	2000⁰
27	1610⁰		

III. Spezifische und Raumgewichte, Schüttwinkel
Eisen und Metalle
Gewichte für 1 dm³ in kg

Materialart	Gewicht für 1 dm³ in kg	Materialart	Gewicht für 1 dm³ in kg
Roheisen, weiß	7,0—7,8	Rotguß Rg 8	8,44—8,67
Roheisen, grau	6,60—7,80	Rotguß Rg 5	8,49—8,93
Grauguß	7,00—7,30	Weißmetall LW 80 F . .	7,32
Flußstahl	7,85—7,86	Weißmetall LW 80. . .	7,32
Stahlguß	7,80	Weißmetall LW 70. . .	7,70
Gußbronze GBz 20 . .	8,44	Weißmetall LW 42. . .	8,84
Gußbronze GBz 14 . .	8,73	Weißmetall LW 14. . .	9,90
Gußbronze GBz 10 . .	8,60	Weißmetall LW 5 . . .	10,39
Walzbronze WBz 6 . .	8,71	Kupferguß	8,63—8,80
Walzbronze WBz 2 . .	8,72	Elektrolytkupfer, gezogen.	8,95
Rotguß Rg 9	8,50	Walzkupfer	8,82—8,95
Rotguß Rg 4	8,67		

Schüttgewichte und Schüttwinkel

Materialart	Schüttgewicht kg/m³	Schüttwinkel	Materialart	Schüttgewicht kg/m³	Schüttwinkel
Roheisen, in Flossen gestapelt.	5000		Drehspäne	1800	
Roheisen, in Flossen geschüttet	3000	36	Röhren	1100	
Roheisen, in zerschlag. Flossen	4000		Blechschrot, lose geschüttet .	140—200	
Roheisen, in Masseln gestapelt.	2500—3000		Kernschrot, kleinstückig . . .	1800—2200	
Roheisen, in zerschlag. Masseln	3000—4000	36	Kernschrot, schwer, grobstückig	3000—3200	
Ferromangan, in Masseln gestapelt	6000		Rotgußspäne	2100—2500	30°—35°
Ferromangan, in zerschlagenen Masseln	5000	36	Kupferspäne	2200—2600	30°—35°
Schrot, handpaketiert	450—1000		Weißmetallspäne	1930—2230	30°—35°
Schrot, maschinpaketiert. . .	1300—1500				

Baumaterial, -schütte und gewachsene Boden
Baumaterial und Abraum

Material	kg für 1 m³	Schütt-winkel	Material	kg für 1 m³	Schütt-winkel
Erde, mager	1300	30°—40°	Lehm, trocken	1520	
Erde, lehmig, trocken	1500	40°	Sand, trocken	1640	35°
Erde, lehmig, feucht	1500	45°	Sand, feucht	1770	40°
Erde, lehmig, naß	2000	17°	Sand, aus Wasserläufen	1890	35°—40°
Garten- und Dammerde, locker, trocken	1400	40°	Sand naß	2000	24°
Garten- und Dammerde, locker, feucht	1580	45°	Kugelschotter und Kies	1770	30°
Garten- und Dammerde, naß	1800	27°	Schlägelschotter	1770	45°
Tonerde, trocken	1550		Haldenberge, gemischt		32°—36°
Tonerde, naß	1950		Haldenberge, sehr gute		38°
Lehm, frisch gestochen	1670		Bauschutt	1400	32°—36°

Gewachsene Böden

Bodenart	kg für 1 m³
Erde, mager	2000
Erde, lehmig	2100
Garten- und Dammerde, feucht	2000
Garten- und Dammerde, trocken	1650
Ton, fest	2000
Ton, geschichtet	1600
Lehm	2000
Mergel, erdig	2330
Mergel, hart	2520
Sand	1900—2000
Sandstein	1800—2700
Kalkstein und Marmor	2400—2800
Granit	2500—3050
Gneis	2400—2700
Quarzite	2500—2800

Baumaterial

Materialart	kg für 1 m³
Bruchsteine, gestapelt	1800—2000
Rotziegel, gestapelt, 29 . 14 . 6,5 cm	1260 (300 St.)
Rotziegel, gestapelt, 25 . 12 . 6 cm	1160 (400 St.)
Klinkerziegel, gestapelt, 29 . 14 . 6,5 cm	1710 (300 St.)
Klinkerziegel, gestapelt, 25 . 12 . 6 cm	1560 (400 St.)
Kalksandziegel, 29 . 14 . 6,5	1620 (300 St.)
Kalk, gebrannt, in Stücken	1030
Kalk, gelöscht	1300—1400
Zement, gepulvert	1150—1700
Gips, gebrannt, gesiebt	1250
Kalkmörtel, naß	1700
Kalkmörtel, trocken	1520
Zementmörtel, naß	1850—2100
Zementmörtel, trocken	1700
Bauglas, ordinär	2650
Bauglas, weiß	2400—3700

Mauerwerk und Hölzer

Mauerwerk

Gewichte für 1 m³ in kg

Mauerart	Gewicht für 1 m³ in kg
Bruchstein	1900—2200
Rotziegel, frisch	1600—1770
Rotziegel, trocken	1500—1650
Klinkerziegel, frisch	2000
Klinkerziegel, trocken . . .	1920
Kalksandziegel, frisch . . .	2000
Kalksandziegel, trocken . .	1900
Ziegelbruch	1800
ausgebrannter roter Schlacke . .	1980
ausgebr. schw. Haldenmaterial . .	1990
Lokomotivschlacke	1205
Kesselschlacke	1450
Grubenschotter, rund . . .	2300
Grubenschotter, gebrochen . .	2330
Bruchschotter	2350
Haustein	2000
Schamotteziegel	1900
Silikaziegel	1850
Magnesitziegel	2700

(Beton 1:8 mit)

Hölzer

Gewichte für 1 m³ in kg

Holzart	Gewicht für 1 m³ in kg, frisch	Gewicht f. 1 m³ in kg, trocken
Hart (Laubholz) i. Mittel . .	1110	660
Weich (Nadelholz) i. Mittel . .	840	450
Scheitholz, gestap., trock. .		
Eichen		530
Buchen		500
Fichten und Tannen		300—430
Linden		400
Prügel		340
Hackholz, gestapelt		
Eichen		440—600
Buchen		400—440
Fichten und Tannen		300—400

Hölzer

Holzart	Gew. für 1m³ in kg, frisch	Gew. für 1m³ in kg, trocken
Ahorn	900	750
Apfel	950	700 — 800
Birke	700	580
Birne	920	650 — 740
Buche, rot	980	660 — 760
Buche, weiß	1000 — 1050	780
Buchs	1000 — 1030	950
Ebenholz		1190 — 1220
Eiche, Sommer-	850 — 880	600 — 760
Eiche, Stein-	1000	740
Erle	790	520 — 620
Esche	850	840
Fichte	550	430

Holzart	Gew. für 1m³ in kg, frisch	Gew. für 1m trocken in kg,
Föhre (Kiefer)	640 — 720	590 — 610
Kirsche	930	580 — 720
Kork		240
Lärche	810 — 830	520 — 590
Linde	820	560 — 600
Mahagoni		560 — 1060
Nuß	880	640 — 680
Pappel	770	380
Pockholz	800 — 900	400 — 600
Roßkastanie	990	670
Tanne	750 — 990	450
Ulme		1200 — 1400
Weide	750 — 1150	600

Feuerfeste Materialien

Raumgewichte und Schüttwinkel

Materialart	Gewicht für 1 m³ in kg	Schüttwinkel je nach Sturzhöhe
Magnesit, roh, massiv.	3000	
Quarzit, roh, massiv	2500—2800	
Kalkstein, roh, massiv	2400—2800	
Magnesit, in Stücken, roh	1400	38⁰—53⁰
Magnesit, in Stücken, gebrannt	1500	38⁰—50⁰
Quarzit, in Stücken, roh	1350	38⁰—55⁰
Quarzit, in Stücken, gebrannt	1300	38⁰—50⁰
Kalkstein, in Stücken, roh	1400	38⁰—55⁰
Schamottebruch	1300	38⁰—60⁰
Ton, roh	1250	60⁰
Ton, gebrannt	1230	50⁰
Tonmehl, roh	1100	45⁰
Magnesitmehl, gebrannt.	1300—2000	45⁰
Quarzmehl, gebrannt.	1400	45⁰
Schamottemehl, gebrannt.	1200	45⁰
Magnesitsteine	2600	
Silika-(Dinas-)steine	1900	
Schamottesteine	1800	
Keramitsteine (Klinker).	2300	

ei stückigen Materialien ist, um ein Nachrutschen zu vermeiden, immer der natürliche Schüttwinkel von 38⁰ anzunehmen

Brennstoffe und deren Abraum

Werk	Material	1 m³ wiegt kg	Schütt-winkel	Rutschwinkel auf Mauer glatt	Eisen	Holz
Seegraben	Anstehende Kohle	1340				
	Stückkohle, gestapelt . . .	790				
	Würfelkohle, gewaschen . . .	790	36		21	29
	Nußkohle, gewaschen	772	33		22	31
	Nußkohle, trocken	843	33		23	31
	Grießkohle, trocken	726	33		27	36
	Lösche	796	35		35	38
	Hangendes	2269				
	Haldenberge	2132				
Fohnsdorf	Liegendkohle	1450				
	Hangendkohle	1310				
	Förderkohle, ost, trocken . .	1168			30	34—35
	Förderkohle, west, trocken .	1080			30	34—35
	Würfelkohle, gewaschen, naß	880	38		32	36
	Grobgrieß, gewaschen, naß .	904	40		36	39
	Mittelgrieß, gewaschen, naß .	908	41		36	41
	Feingrieß I, gewaschen, naß	920	42		40	43
	Feingrieß II, gewaschen, naß	944	44		40	43
	Lösche, trocken	1001	46		45	45
	Taubes, massiv (Sandstein) .	2317				
	Waschberge	1480				
	Klaubberge	1390				

Brennstoffe und deren Abraum

Werk	Materialart	1 m³ wiegt kg	Schüttwinkel	Rutschwinkel auf		
				Mauer glatt	Eisen	Holz
Köflach	Anstehende Kohle	1295				
	Förderkohle	626—650	30			
	Grobkohle, feucht	635	45			
	Grobkohle, trocken	590—610				
	Mittelkohle, feucht	665	40	30	29	34,5
	Mittelkohle, trocken	642		32	27	33
	Nußkohle, feucht	630	32	31,5	28	34
	Grießkohle, feucht	693	40	32,5	30	36,5
	Grießkohle, trocken	643	33,5	33	26	34
	Lösche, feucht	645	37	37	34	39
	Lösche, trocken	693	35	33	28	34

Materialart	Gewicht in kg für 1 m³	Schütt-winkel	Rutschwinkel auf		
			Mauer glatt	Eisen	Holz
Holzkohle, hart	144—200	42	45	45	
Holzkohle, weich	112—120	42	45	45	
Koks, grobstückig	470—600	45—47			
Koks, Korngröße 30—12 mm .	600—650	40—43	45	38	45
Koks, Korngröße 5—12 mm . .	650	38			
Koks, Korngröße unter 5 mm .	650—700	34			

Erz und Abraum

Werk	Material	Gewicht in kg für 1 m³	Schütt ∢	Rutsch ∢ je nach Unterlage
Eisenerz	Erz, anstehend	3000		
	Roherz, grob	2070	38	38—40
	Roherz, klein	1950—1985	36	45
	Schachtofenrösterz . . .	1560—1625	36—38	40—45
	Luftrösterz	1600—1650	36—38	40—45
	Taubes, anstehend	2800		
	Taubes	1700	38	40
	Gichtstaub	1200	vom Gasgehalt abhängig	
	Röstofenstaub.	1400		
Hüttenberg	Braunerz	1790	39	50
	Weißerz, roh	2200	39	42—44
	Feinerz, weiß, roh	2000	39	50
	Rösterz	1230	39	40
	Taubes	1500	38—40	

Schlacken

Ofenschlacke und Sinter

Material	Gewicht für 1 m³ in kg	Schüttwinkel
Hochofenschlacke, massiv	2500—3000	
Hochofenschlacke, Schotter	1770—2100	45
Hochofenschlackensand, trocken	1050	36
Martinschlacke	1500—1700	37
Puddelschlacke	1950—2100	33—37
Tiefofenschlacke	2600	37
Schweißschlacke	2100	37
Walzsinter	1900—1950	31—40

Feuerungsrückstände

Material	Gewicht für 1 m³ in kg
Köflacher Kesselasche	639
Fohnsdorfer Kesselasche	563
Seegrabner Kesselasche	550
Generatorenasche	850—900
Lokomotivasche	944
Ausgebrannte „rote Asche"	1463

3*

Gewicht und Widerstand von Kupferleitungen bei 20° C nebst Umrechnungstabellen für andere Metalle

Aus dem Kalender für Elektrotechniker, begründet von F. Uppenborn-München: R. Oldenbourg

In folgender Tabelle sind für die vom Verband Deutscher Elektrotechniker festgelegten normalen Leitungsquerschnitte die Werte zusammengestellt. Der höchst-zulässige-spezifische Widerstand für Leitungskupfer ist nach den deutschen Verbandsnormalien gleich 0,01784, das spezifische Gewicht zu 8,89 festgesetzt. Für andere Metalle als Kupfer sind die über dem dicken Strich stehenden Zahlen zu multiplizieren.

Querschnitt mm²	Durchmesser mm	Gewicht $\frac{kg}{km}$	Widerstand $\frac{Ohm}{km}$	Länge $\frac{m}{kg}$	Länge $\frac{m}{Ohm}$
0,5	0,80	4,45	35,7	225	28,0
0,75	0,98	6,66	23,8	150	42,0
1	1,13	8,89	17,8	112,5	56,2
1,5	1,38	13,3	11,9	75,2	84,1
2,5	1,78	22,2	7,14	45,0	140
4	2,26	35,6	4,46	28,1	224
6	2,76	53,3	2,97	18,8	337
10	3,57	88,9	1,78	11,25	562
16	4,5	142,1	1,115	7,04	898
25	5,64	222,1	0,714	4,50	1400

35	6,68	311	0,510	3,22	1960
50	8,00	444,5	0,357	2,25	2800
70	9,45	622	0,255	1,61	3920
95	11,0	845	0,188	1,184	5315
120	12,4	1068	0,149	0,937	6710
150	13,8	1332	0,119	0,752	8410
185	15,35	1644	0,0965	0,608	10360
240	17,5	2115	0,0744	0,473	13440
300	19,5	2665	0,0594	0,375	16850
400	22,6	3555	0,0446	0,281	22400
500	25,2	4445	0,0357	0,225	28000
625	28,2	5550	0,0286	0,180	35000
800	31,9	7110	0,0223	0,1405	44850
1000	35,7	8890	0,0178	0,1125	56200
Aluminium	·	0,30	1,6	3,3	0,61
Eisendraht (mittel) . . .	·	0,86	7,6	1,17	0,132
Nickelin	·	1,00	24,0	1,00	0,0417

IV. Heizwertberechnung und Umwandlung in das englische Maßsystem

H_O = oberer Heizwert oder Verbrennungswärme.
Er wird kalorimetrisch gemessen.

(Verbrennungswasser flüssig.)

H_U = unterer Heizwert, jener, der technisch ausgenützt wird.

(Verbrennungswasser dampfförmig.)

Er wird berechnet, und zwar:

a) Aus dem oberen Heizwert

$$H_U = H_O - 600\,w$$ w = Prozentgehalt des Brennstoffes an Feuchtigkeit und Verbrennungswasser.

b) nach der Verbandsformel

α) für feste und flüssige Brennstoffe:

$$H_U = 81\,C + 290\left(H - \frac{O}{8}\right) + 25\,S - 6\,w \text{ in kcal/kg}$$

β) für gasförmige Brennstoffe:

$$H_U = 2566\,H_2 + 3050\,CO + 8580\,CH_4 + 14100\,C_2H_4{}^{\bullet} + \\ \text{in kcal/m}^3 \qquad\qquad\qquad + 13366\,C_2H_2$$

c) nach der Steuerschen Formel

$$H_U = 81\left(C - \frac{3}{8}O\right) + 57 \cdot \frac{3}{8}O + 345\left(H - \frac{O}{16}\right) + 25\,S - 6\,(9\,H + w)$$

In England und Amerika ist diejenige Wärmemenge als Einheit angenommen, die 1 engl. Pfund (= 0,4536 kg) Wasser von 39,1° F (= 3,95° C) auf 40,1° F (= 4,5° C) zu erwärmen vermag. Sie heißt British Thermal Unit (B. T. U.)

1 BTU = 0,252 kcal
1 K Cal = 3,968 BTU

Oberer Heizwert: BTU gross
Unterer   „   BTU net

Bei festen und flüssigen Brennstoffen bezogen auf 1 engl. Pfund (= 0,4536 kg)
Bei gasförmigen Brennstoffen bezogen auf 1 cbf (= 0,02831 m³)

1 BTU/pound = 0,55 kcal/kg
1 BTU/cbf   = 8,9 kcal/m³

Heizwertumrechnungstabelle für gasförmige Brennstoffe

B. T. U. per cbf → kcal/m³

Hunderter	Zehner										P. P. für Einer
	0	10	20	30	40	50	60	70	80	90	
0	0	89	178	267	356	445	534	623	712	801	
100	890	979	1068	1157	1246	1335	1424	1513	1602	1691	
200	1780	1869	1958	2047	2136	2225	2314	2403	2492	2581	
300	2670	2759	2848	2937	3026	3115	3204	3293	3382	3471	
400	3560	3649	3738	3827	3916	4005	4094	4183	4272	4361	1 = 8,9
500	4450	4539	4628	4717	4806	4895	4984	5073	5162	5241	2 = 17,8
600	5340	5429	5518	5607	5696	5785	5874	5963	6052	6141	3 = 26,7
700	6230	6319	6408	6497	6586	6675	6764	6853	6942	7031	4 = 35,6
800	7120	7209	7298	7387	7476	7565	7654	7743	7832	7921	5 = 44,5
900	8010	8099	8188	8277	8366	8455	8544	8633	8722	8811	6 = 53,4
1000	8900	8989	9078	9167	9256	9345	9434	9533	9612	9701	7 = 62,3
1100	9790	9879	9968	10057	10146	10235	10324	10413	10502	10591	8 = 71,2
1200	10680	10769	10858	10947	11036	11125	11214	11303	11392	11481	9 = 80,1
1300	11570	11659	11748	11837	11126	12015	12104	12193	12282	12371	

V. Physikalische und chemische Angaben

1. Atomgewichte

(0 = 16, Werte auf ganze Zahlen abgerundet)

Ag 108	F 19	P 31
Al 27	Fe 56	Pb 207
As 75	H 1,008	Pt 195
Au 197	Hg 200	
		S 32
B 11	J 127	Sb 120
Ba 137		Si 28
Bi 208	K 39	Sn 119
Br 80		Sr 88
	Mg 24	
C 12	Mn 55	Ti 48
Ca 40	Mo 96	U 238
Cd 112		
Cl 35	N 14	V 51
Co 59	Na 23	
Cr 52	Ni 59	W 184
Cu 64	O 16	Zn 65

Mol.-Gewichte

CaO 56	MgO 40
CaSO$_4$ 136	MgCO$_3$ 84
CaCO$_3$ 100	MgO in MgCO$_3$ . . . . 48$^0/_0$
FeO 72	MnO 71
Fe$_2$O$_3$ 160	Mn$_2$O$_3$ 158
Fe$_3$O$_4$ 232	Mn$_3$O$_4$ 229
FeCO$_3$ 116	
Fe in FeO 78%	SO$_2$ 64
Fe in Fe$_2$O$_3$ 70%	SO$_3$ 80
Fe in Fe$_3$O$_4$ 72%	
Fe in FeCO$_3$ 48%	CO$_2$ 44
Fe in Ankerit (theor.) . . 26%	
FeO = Fe$_2$O$_3$ 0,90	SiO$_2$ 60
Fe$_2$O$_3$ = FeO 1,11	
FeO in FeCO$_3$ 62%	H$_2$O 18

Gase

		Atome	Mol.-Gewichte	kg/m³ 0°/760 Spez. Gewichte	Gaskonst. R.
Wasserstoff . . .	H_2	2	2,02	0,0896	423,0
Sauerstoff . . .	O_2	2	32,00	1,429	26,5
Stickstoff . . .	N_2	2	28,02	1,255	30,2
Kohlenoxyd . .	CO	2	28,00	1,251	30,3
Luft	—	—	—	1,293	29,3
Wasserdampf . .	H_2O	3	18,02	0,804	47,1
Kohlensäure . .	CO_2	3	44,00	1,965	19,3
Schweflige Säure .	SO_2	3	64,07	2,861	13,2
Ammoniak . . .	NH_3	4	17,03	0,761	49,8
Methan	CH_4	5	16,03	0,715	52,9
Benzol	C_6H_6	12	78,05	3,49	10,8

Luft

1 m³ 0° 760 mm = 1,2934 kg

1 kg Luft entspricht $\begin{cases} 0,23 \text{ kg } O_2 \\ 0,77 \text{ kg } N_2 \end{cases}$ 1 m³ Luft entspricht $\begin{cases} 0,21 \text{ m}^3 \ O_2 \\ 0,79 \text{ m}^3 \ N_2 \end{cases}$

1 kg O_2 entspricht $\begin{cases} 4,35 \text{ kg Luft} \\ 3,35 \text{ kg } N_2 \end{cases}$ 1 m³ O_2 entspricht $\begin{cases} 4,76 \text{ m}^3 \text{ Luft} \\ 3,76 \text{ m}^3 \ N_2 \end{cases}$

1 kg N_2 entspricht $\begin{cases} 1,3 \text{ kg Luft} \\ 0,3 \text{ kg } O_2 \end{cases}$ 1 m³ N_2 entspricht $\begin{cases} 1,26 \text{ m}^3 \text{ Luft} \\ 0,26 \text{ m}^3 \ O_2 \end{cases}$

Gasfeuchtigkeit

(Nach Mollier, R.: Neue Tabellen und Diagramme für Wasserdampf, 4. Aufl. Berlin: J. Springer. 1926)

t°	e' Spannung des Wasserdampfes in Millimetern Quecksilber	g Wasserdampf/m³	für 760 mm Barometerstand			für 715 mm Barometerstand		
			g/nm³ Gas feucht	g/nm³ Gas trocken	Umrechnungsfaktor für feuchtes Gas trockenes Gas nm³	g/nm³ Gas feucht	g/nm³ Gas trocken	Umrechnungsfaktor für feuchtes Gas trockenes Gas nm³
0	4,60	4,84	4,84	4,86	0,994	5,14	5,16	0,994
5	6,53	6,80	6,91	6,97	0,991	7,35	7,41	0,991
10	9,17	9,40	9,75	9,85	0,988	10,38	10,50	0,987
15	12,80	12,83	13,3	13,5	0,985	14,15	14,40	0,982
20	17,5	17,27	18,5	18,9	0,977	19,65	20,1	0,976
25	23,8	23,04	25,2	26,0	0,968	26,8	27,7	0,967
30	31,9	30,36	33,7	35,2	0,958	35,8	37,4	0,955
35	42,2	39,6	44,7	47,4	0,945	47,5	50,5	0,941
40	55,3	51,14	58,7	63,3	0,927	62,2	67,5	0,923
41	58,5	54,0	62,0	67,0	0,924	65,0	72,0	0,920
42	61,7	56,9	65,5	71,0	0,820	68,4	76,0	0,915
43	65,0	59,7	69,0	75,0	0,916	72,0	80,5	0,910
44	68,3	62,6	72,5	79,5	0,911	76,3	85,0	0,905
45	71,9	65,43	76,0	84,0	0,906	80,8	89,9	0,899

46	75,5	68,9	80,0	89,0	0,900	85,3	96,0	0,894
47	79,2	72,4	84,5	94,5	0,894	90,0	102,0	0,888
48	83,4	75,9	89,0	100,0	0,889	94,6	108,0	0,882
49	88,0	79,4	94,5	105,6	0,884	99,5	114,0	0,875
50	92,6	83,0	98,5	112,0	0,878	104,5	120,0	0,872
51	97,6	87,2	103,5	118,5	0,872	110,0	127,5	0,869
52	102,7	99,4	108,5	125,0	0,865	115,6	135,0	0,855
53	107,8	95,6	113,5	131,5	0,858	121,5	143,0	0,849
54	112,9	99,9	119,0	139,0	0,851	127,0	151,0	0,842
55	118,0	104,3	125,5	140,0	0,844	133,0	195,0	0,834
56	124,0	109,4	131,0	158,0	0,837	140,0	169,5	0,827
57	130,0	114,6	137,5	167,0	0,828	147,1	180,0	0,818
58	136,0	119,8	144,0	176,0	0,820	154,5	190,5	0,808
59	142,5	125,0	151,0	186,0	0,811	161,5	201,5	0,798
60	149,0	130,1	159,0	197,0	0,802	169,0	213,0	0,788
61	156,0	136,1	167,0	208,0	0,793	176,5	228,0	0,778
62	163,5	142,3	174,5	220,0	0,784	184,5	243,0	0,768

t^o	e Spannung des Wasserdampfes in Millimeter Quecksilber	g Wasserdampf/m³	für 760 mm Barometerstand		Umrechnungsfaktor für feuchtes Gas trockenes Gas nm³	für 715 mm Barometerstand		Umrechnungsfaktor für feuchtes Gas trockenes Gas nm³
			g/nm³ Gas feucht	g/nm³ Gas trocken		g/nm³ Gas feucht	g/nm³ Gas trocken	
63	171,5	148,5	180,0	235,0	0,774	193,0	258,0	0,757
64	179,5	154,8	190,5	250,0	0,764	201,5	273,0	0,746
65	188,0	161,1	197,5	265,0	0,752	212,0	288,0	0,736
66	197,0	168,4	208,0	282,0	0,740	222,3	306,0	0,723
67	206,0	175,7	217,0	300,0	0,728	232,5	324,5	0,710
68	215,0	183,0	226,0	318,0	0,716	243,0	343,5	0,697
69	224,0	190,4	237,0	337,0	0,704	254,5	362,5	0,684
70	234,0	197,9	248,5	359,0	0,691	264,0	392,0	0,671
75	289,0	241,6	307,0	495,0	0,618	326,0	547,0	0,595
80	356,0	292,9	379,0	712,0	0,529	402,0	800,0	0,500
85	433,0	353,1	463,0	1090,0	0,424	492,0	1250,0	0,389
90	526,0	422,9	562,0	1840,0	0,301	597,0	2320,0	0,257
95	634,0	503,9	679,0	4300,0	0,156	720,0	6900,0	0,104
100	760,0	597,0	815,0					

1 nm³ Wasserdampf (ideell) wiegt 804 g.

Technisches Hilfsbuch

VI. Wärme

Siehe auch die Umwandlungszahlen im Abschnitt II und IV

A) Änderung des Gasvolumens durch Wärme

Ausdehnungskoeffizient der Gase $a = 0,00367 = \dfrac{1}{273}$

Gay-Lussac'sches Gesetz: $V_t = V_0 (1 + a t)$

t	$1 + a t$	t	$1 + a t$
10	1,0367	210	1,7707
20	1,0734	220	1,8074
30	1,1101	230	1,8441
40	1,1468	240	1,8808
50	1,1835	250	1,9175
60	1,2202	260	1,9542
70	1,2569	270	1,9909
80	1,2936	280	2,0276
90	1,3303	290	2,0643
100	1,3670	300	2,1010
110	1,4037	310	2,1377
120	1,4404	320	2,1744
130	1,4771	330	2,2111
140	1,5138	340	2,2478
150	1,5505	350	2,2845
160	1,5872	360	2,3212
170	1,6239	370	2,3579
180	1,6606	380	2,3946
190	1,6973	390	2,4313
200	1,7340	400	2,4680

4*

t	$1 + a \cdot t$	t	$1 + a \cdot t$
410	2,5047	660	3,4222
420	2,5414	670	3,4589
430	2,5781	680	3,4956
440	2,6148	690	3,5323
450	2,6515	700	3,5690
460	2,6882	710	3,6057
470	2,7249	720	3,6424
480	2,7616	730	3,6791
490	2,7983	740	3,7158
500	2,8350	750	3,7525
510	2,8717	760	3,7892
520	2,9084	770	3,8259
530	2,9451	780	3,8626
540	2,9818	790	3,8993
550	3,0185	800	3,9360
560	3,0552	810	3,9727
570	3,0919	820	4,0094
580	3,1286	830	4,0461
590	3,1653	840	4,0828
600	3,2020	850	4,1195
610	3,2387	860	4,1562
620	3,2754	870	4,1929
630	3,3121	880	4,2296
640	3,3488	890	4,2663
650	3,3855	900	4,3030

t	$1 + a \cdot t$	t	$1 + a \cdot t$
910	4,3397		
920	4,3764		
930	4,4131	1400	6,1380
940	4,4498		
950	4,4865		
960	4,5232		
970	4,5599		
980	4,5966	1500	6,5000
990	4,6333		
1000	4,6700		
1020	4,7434		
1040	4,8168		
1060	4,8902	1600	6,8720
1080	4,9636		
1100	5,0370		
1120	5,1104		
1140	5,1838		
1160	5,2572	1700	7,2390
1180	5,3306		
1200	5,4040		
1220	5,4774		
1240	5,5508		
1260	5,6242	1800	7,6060
1280	5,6976		
1300	4,7710		

B) Änderung der Gasvolumina durch Drücke

Boyle-Mariottesches Gesetz:

$$p_1 \, v_1 = p_2 \, v_2 \quad \text{oder} \quad v_1 : v_2 = p_2 : p_1$$

C) Änderung trockener Gasvolumina durch Druck und Temperatur

„Vereinigtes Gesetz":

$$\frac{p_1 \, v_1}{1 + a \, t_1} = \frac{p_2 \, v_2}{1 + a \, t_2}$$

oder durch Einführung der absoluten Temperatur $T = 273 + t$

$$\frac{p_1 \, v_1}{T_1} = \frac{p_2 \, v_2}{T_2}$$

D) Reduktion feuchter Gasvolumina auf 0°, 760 mm Quecksilber und Trockenheit

$$V_0 = \frac{273 \, (b_0 - e')}{(273 + t) \, 760} \cdot V$$

wobei b_0 der auf 0° reduzierte Barometerstand, t die Temperatur bei der Messung, e' die Tension des Wasserdampfes ist, v das gemessene Volumen.

E) Allgemeine Zustandsgleichung

$$p \cdot v = R \cdot T \qquad\qquad R = \text{Gaskonstante}$$

F) Begriff des „Mol"

$\mu = $ Molekulargewicht eines Gases. μ kg eines Gases nehmen bei 0° und 760 mm den Raum von 22,4 m^3 ein.

E) Heizwerte

	Spez. Gew. kg/m³ 0°, 760 mm	Heizwert kcal per 1 kg		Heizwert kcal per m³ 0°, 760 mm	
		oberer	unterer	oberer	unterer
C	—	8 080	—	—	—
S	—	2 220	—	—	—
H_2	0,090	34 040	28 640	3 050	2 566
CO	1,251	2 438	2 438	3 050	3 050
CH_4	0,715	13 352	12 000	9 547	8 580
C_2H_4	1,251	12 044	11 271	15 067	14 100
C_2H_2	1,162	11 919	11 500	13 850	13 366

H) Wichtige Ver-

Name des Stoffes	Einheit		Zusammen-setzung	Heizwert		Ver-brennungs-gleichung
	kg	m³		Hu	Ho	
Kohlenstoff C	1			8 080	8 080	$C + O_2 = CO_2$
						$2\,C + O_2 = 2\,CO$ 1 m³ CO ent- steht aus 0,536 kg C bei 1294 kcal
Wasserstoff H_2	1	11,16		28 640	34 040	$2\,H_2 + O_2 = 2\,H_2O$
	0,0896	1		2 566	3 050	
Kohlenoxyd CO	1	0,80	$0,428C + 0,572O$ $42,8\%{} + 57,2\%{}$	2 438	2 438	$2\,CO + O_2 = 2\,CO_2$
	1,251	1	$0,536C + 0,715O$	3 050	3 050	
Methan CH_4	1	1,399	$0,75C + 0,25H$	12 000	13 352	$CH_4 + 2O_2 =$ $= CO_2 + 2\,H_2O$
	0,715	1	$0,536C + 0,179H$	8 580	9 547	
Schwefel S	1			2 220	2 220	$S + O_2 = SO_2$

brennungsvorgänge

Luftmenge zur Verbrennung		Verbrennungsprodukte			
kg	m³	kg		m³	
11,59	8,96	12,59	3,66 CO_2 8,93 N_2	8,96	1,86 CO_2 7,10 N_2
5,80	4,48	6,80	2,33 CO 4,47 N_2	5,41	1,86 CO 3,55 N_2
34,80	26,90	35,80	9,00 H_2O 26,80 N_2	32,51	11,16 H_2O 21,35 N_2
3,12	2,41	3,21	0,806 H_2O 2,40 N_2	2,91	1,00 H_2O 1,91 N_2
2,49	1,93	3,49	1,57 CO_2 1,92 N_2	2,33	0,80 CO_2 1,53 N_2
3,11	2,40	4,36	1,97 CO_2 2,39 N_2	2,90	1,00 CO_2 1,90 N_2
17,40	13,45	18,40	2,75 CO_2 2,25 H_2O 13,40 N_2	14,85	1,40 CO_2 2,80 H_2O 10,65 N_2
12,44	9,62	13,16	1,97 CO_2 1,61 H_2O 9,58 N_2	10,62	1,00 CO_2 2,00 H_2O 7,62 N_2
4,35	3,36	5,35	2,00 SO_2 3,35 N_2	3,36	0,70 SO_2 2,66 N_2

VI. Wärme

I) Bildungswärmen

(Molare aus den Elementen) kcal/kg Mol

Oxyde

Al_2, O_3	$54 + 48 = 102$	$+ 380.200$ kcal
$?$, O	$12 + 16 = 28$	$+ 29.000$ „
$?$, O_2	$12 + 32 = 44$	$+ 96.960$ „
$?O$, O	$28 + 16 = 44$	$+ 67.960$ „
$?a$, O	$40 + 16 = 56$	$+ 151.900$ „
$?r_2$, O_3	$104 + 48 = 152$	$+ 267.800$ „
$?e$, O	$56 + 16 = 72$	$+ 65.700$ „
$?e_2$, O_3	$112 + 48 = 160$	$+ 195.600$ „
$?e_3$, O_4	$168 + 64 = 232$	$+ 265.500$ „
I_2, O fl.	$2 + 16 = 18$	$+ 68.380$ „
I_2, O gasf.	$2 + 16 = 18$	$+ 57.670$ „
I_2, O fest	$2 + 16 = 18$	$+ 70.400$ „
$?g$, O	$24 + 16 = 40$	$+ 143.900$ „
$?n$, O	$55 + 16 = 71$	$+ 90.800$ „
$?n$, O_2	$55 + 32 = 87$	$+ 126.000$ „
$?n_3$, O_4	$165 + 64 = 229$	$+ 327.000$ „
$?i$, O	$59 + 16 = 75$	$+ 57.900$ „
$?_2$, O_5	$62 + 80 = 142$	$+ 370.000$ „
$?$, O_2 (Gas)	$32 + 32 = 64$	$+ 71.100$ „
$?$, O_3	$32 + 48 = 80$	$+ 91.900$ „
$?n$, O	$119 + 32 = 151$	$+ 137.800$ „
$?n$, O	$65 + 16 = 81$	$+ 85.000$ „

Sulfide

$?a$, S	$40 + 32 = 72$	$+ 111.200$ WE
$?e$, S	$56 + 32 = 88$	$+ 23.070$ „
$?g$, S	$24 + 32 = 56$	$+ 79.400$ „
$?n$, S	$55 + 32 = 87$	$+ 45.600$ „

Kohlenwasserstoffe

$?$, H_4	$12 + 4 = 16$	$+ 21.750$ WE
$?_2$, H_6	$24 + 6 = 30$	$+ 28.560$ „
$?_2$, H_2	$24 + 2 = 26$	$- 53.880$ „
$?_2$, H_4	$24 + 4 = 28$	$- 2.710$ „

Karbide

$?a$, C_2	$40 + 24 = 64$	$- 6.250$ WE
$?e_3$, C	$168 + 12 = 180$	$- 15.100$ „
$?n_3$, C	$165 + 12 = 177$	$+ 11.000$ „

Karbonate

$?a$, C, O_3	$40 + 12 + 48 = 100$	$+ 284.480$ WE
$?e$, C, O_3	$56 + 12 + 48 = 116$	$+ 184.500$ „
$?g$, C, O_3	$24 + 12 + 48 = 84$	$+ 266.600$ „
$?n$, C, O_3	$55 + 12 + 48 = 115$	$+ 210.840$ „

Silikate

Al_2, Si, O_5	$54 + 28 + 80 = 162$	$+ 561.200$ WE
Ca, Si, O_3	$40 + 28 + 48 = 116$	$+ 378.000$ „
Ca_2, Si, O_4	$80 + 28 + 64 = 172$	$+ 525.200$ „
Ca_3, Al_2, Si_2, O_{10}	$120 + 54 + 56 + 160 = 390$	$+ 1260.100$ „
Fe, Si, O_3	$56 + 28 + 48 = 132$	$+ 254.600$ „
Mn, Si, O_3	$55 + 28 + 48 = 131$	$+ 291.500$ „

Sulfate

Ca, S, O_4	$40 + 32 + 64 = 136$	$+ 302.460$ WE

Phosphate

Ca_3, P_2, O_4	$128 + 62 + 64 = 254$	$+ 974.800$ WE

K) Schmelztemperaturen und Siedetemperaturen

a) Elemente

	Schmelzpunkt	Siedepunkt (bei 760 mm)
Aluminium	658^0	
Antimon	630^0	
Blei	327^0	
Chrom	1520^0	
Eisen (Elektrolyt)	1528^0	
Roheisen	} je nach Zusammensetzung	
Stahl		
Iridium	2350^0	
Kohlenstoff	3917^0	
Kupfer	1070^0	
Mangan	1243^0	
Nickel	1452^0	
Platin	1764^0	
Quecksilber	$- 39^0$	357^0
Sauerstoff	$- 219^0$	$- 183^0$
Schwefel	$+ 115^0$	444^0
Stickstoff	$- 211^0$	$- 196^0$
Wasserstoff	$- 257^0$	$- 253^0$
Wolfram	3357^0	
Zink	419^0	
Zinn	232^0	

b) Aschen von Brennstoffen

Seegrabener Kohle	1250^0
Fohnsdorfer Kohle	1200^0
Köflacher Kohle	1300^0

VI. Wärme

L) Mittlere spezi-
Mittlere spezifische Wärme
(Werte je kg und

t^0	CO_2		Wasserdampf		O_2		CO, N_2	
	1 kg	1 m³	1 kg	1 m³	1 kg	1 m³	1 kg	1 m³
0	0,202	0,397	0,462	0,372	0,218	0,312	0,249	0,312
100	209	410	464	374	219	313	251	314
200	217	426	466	375	221	315	252	316
300	225	442	468	376	222	317	254	318
400	232	456	470	378	224	320	255	320
500	238	467	473	381	225	322	257	322
600	243	477	476	384	226	324	259	324
700	248	487	479	386	228	326	261	326
800	253	497	484	390	229	328	262	328
900	257	505	490	395	231	330	264	330
1000	260	511	495	399	232	332	266	330
1100	263	517	500	403	234	334	267	335
1200	265	521	507	408	235	336	269	337
1300	268	526	513	413	236	338	271	339
1400	270	530	520	419	238	340	272	341
1500	273	536	527	425	239	342	274	343
1600	275	541	535	431	241	344	276	345
1700	278	546	544	438	242	346	277	347
1800	280	550	554	446	243	348	279	349
1900	282	554	566	456	245	350	281	351
2000	283	556	578	465	246	352	282	353
2100	284	558	590	475	248	354	284	355
2200	286	562	603	485	249	356	286	358
2300	288	566	616	496	250	338	287	360
2400	289	568	629	506	252	360	289	362
2500	290	570	642	517	253	362	291	364

fische Wärme der Gase
von Gasen zwischen 0⁰ und t⁰
je m³ von 0⁰, 760 mm)

Luft		H_2		CH_4		C_2H_4		t^0
1 kg	1 m³	1 kg	1 m³	1 kg	1 m³	1 kg	1 m³	
0,241	0.312	3,445	0,310	0,480	0,343	0,336	0,420	0
243	314	3,467	312	530	379	375	469	100
244	316	3,490	314	580	415	414	518	200
246	318	3,512	316	630	450	455	569	300
247	320	3,534	318	680	486	493	616	400
249	322	3,557	320	736	522	532	665	500
250	323	3,579	322	779	557	570	714	600
252	325	8,601	324	829	593	610	763	700
253	327	3,624	326	879	629	650	812	800
256	329	3,646	328	927	664	689	861	900
257	332	3,668	330	976	700	729	911	1000
258	334	3,691	332	1,030	736	768	960	1100
260	336	3,713	334	1,080	772	805	1,009	1200
261	338	3,735	336	1,130	807	845	1,056	1300
263	340	3,758	338	1,178	843	885	1,107	1400
264	342	3,780	340	1,228	879	925	1,156	1500
266	344	3,802	342					1600
267	346	3,824	344					1700
269	348	3,847	346					1800
271	350	3,869	348					1900
272	352	3,891	350					2000
274	354	3,914	352					2100
275	356	3,936	354					2200
277	358	3,958	356					2300
278	360	3,981	358					2400
280	362	4,003	360					2500

M) Spezifische Wärmen fester Körper

$C_{m\,t^0} - t'$ = mittlere spezifische Wärme zwischen t^0 und t'^0,
$C_{w\,t}$ = wahre spezifische Wärme bei t^0.

a) Anorganische Stoffe

Elemente (ausschließlich Gase, Kohlenstoff und Eisen)

Aluminium	$C_m\,18^0$ bis	500^0	$= 0,2370$
Blei	$C_m\,16^0$ „	256^0	$= 0,0319$
Kupfer	$C_m\,18^0$ „	100^0	$= 0,0928$
	$C_m\,18^0$ „	600^0	$= 0,0994$
	$C_m\,26^0$ „	948^0	$= 0,1106$
Mangan	$C_m\,20^0$ „	550^0	$= 0,1673$
Nickel	$C_m\,18^0$ „	600^0	$= 0,1254$
Platin	$C_m\,20^0$ „	100^0	$= 0,0319$
	$C_m\,20^0$ „	1300^0	$= 0,0359$
Quecksilber	$C_m\,0^0$ „	$+20^0$	$= 0,03325$
Schwefel, rhombisch	$C_m\,0^0$ „	95^0	$= 0,1751$
Zink	$C_m\,0^0$ „	300^0	$= 0,0978$
Zinn	$C_m\,18^0$ „	200^0	$= 0,0582$

Technisches Eisen

Roheisen	$C_m 0^0 \div 1400^0$	$= 0,200$
Flußeisen	$C_m 0^0 \div 1500^0$	$= 0,196$

Oxyde

$Al_2\,O_3$	$C_m\,20^0$ bis	2030^0	$= 0,279$
$Ca\,O$	$C_m\,18^0$ „	100^0	$= 0,1882$
	$C_m\,18^0$ „	319^0	$= 0,2016$
	$C_m\,18^0$ „	534^0	$= 0,2189$
	$C_m\,20^0$ „	2552^0	$= 0,239$
$Fe_2\,O_3$ (Hämatit)	$C_m\,16^0$ „	95^0	$= 0,1742$
$Fe_3\,O_4$	$C_m\,24^0$ „	990^0	$= 0,1678$
$Mg\,O$	$C_m\,15^0$ „	268^0	$= 0,2520$
	$C_m\,15^0$ „	559^0	$= 0,2670$
	$C_m\,20^0$ „	1735^0	$= 0,300$
	$C_m\,20^0$ „	2370^0	$= 0,347$
	$C_m\,20^0$ „	2780^0	$= 0,355$
$Mn\,O_2$	$C_w\,0^0$ „	25^0	$= 0,1642$
$Mn_2\,O_3$ (Braunit)	$C_m\,15^0$ „	99^0	$= 0,1620$
$Mn\,O$	C (ohne Temperaturangabe)		$= 0,157$
$Si\,O_2$ (Quarz)	$C_m\,0^0$ bis	100^0	$= 0,1867$
	$C_m\,0^0$ „	500^0	$= 0,2380$
	$C_m\,0^0$ „	1100^0	$= 0,2640$
$Zn\,O$	$C_m\,16^0$ „	550^0	$= 0,1376$

Sulfide

Fe S	C_m	0^0 bis	100^0	$= 0{,}1664$
	C_m	0^0 ,,	1200^0	$= 0{,}2216$
Fe S$_2$	C_m	0^0 ,,	100^0	$= 0{,}1284$
Fe$_7$ S$_8$	C_m	0^0 ,,	100^0	$= 0{,}1531$
Mn S	C(ohne Tempera-			
	turangabe)			$= 0{,}1392$
Zn S	C_m	0^0 bis	100^0	$= 0{,}1146$

Fluoride

Ca F$_2$ (Flußspat)	C_m	15^0 bis	99^0	$= 0{,}2154$

Silizide

C Si	C_w	0^0	$= 0{,}140$
	C_w	300^0	$= 0{,}261$
	C_w	600^0	$= 0{,}276$
Fe Si	C_m	0^0 bis 629^0	$= 0{,}158$

Karbonate

Ca CO$_3$	C_m	16^0 bis	100^0	$= 0{,}2077$
	C_m	17^0 ,,	356^0	$= 0{,}2358$
	C_m	18^0 ,,	754^0	$= 0{,}2635$
Ca Mg(CO$_3$)$_2$ (Dolomit)	C_m	20^0 ,,	98^0	$= 0{,}2218$
Fe CO$_3$ (Spateisenstein)	C_m	9^0 ,,	98^0	$= 0{,}1934$

Verschiedene Stoffe

Beton	C_w	16^0		$= 0{,}211$
Ton (Kaolin)	C_m	20^0 bis	98^0	$= 0{,}224$
Schlacken { Hochofen-	C_m	$0^0 \div 1400^0$		$= 0{,}34$
Martin-	C_m	$0^0 \div 1400^0$		$= 0{,}34$
Tiefofen-	C_m	$0^0 \div 850^0$		$= 0{,}53$
Kohlenaschen	C_m	$0^0 \div 700^0$		$= 0{,}25$
feuerfestes Mauerwerk				$= 0{,}22$
Ziegelstein	C_m	27^0 bis	49^0	$= 0{,}177$

b) Organische Stoffe (einschließlich Kohlenstoff)

Buchenkohle (pulverisiert)	C_w	435^0		$= 0{,}243$
Steinkohle	C_m	0^0 bis	12^0	$= 0{,}312$
Brennkohlen, wasserfrei		0^0 ,,	100^0	$= 0{,}4$
Petroleum	C_m	5^0 ,,	95^0	$= 0{,}481$
Braunkohle				$= 0{,}35$
Lignite				$= 0{,}42$

N) Wärmeübertragung durch Berührung, Leitung und Strahlung bei zeitlich konstanten Temperaturfeldern

Bezeichnungen:

F = Fläche in m² (bei Rohren meist Innenfläche)

d = Rohrdurchmesser in m (Index i = Innen, a = Außen)

G = Gas- (oder Flüssigkeitsgewicht) Gewicht in kg/st

γ = Spezifisches Gewicht kg/m³

k = Wärmedurchgangszahl in kcal/m², st, °C

Q = Wärmemenge kcal/m² st (bei Rohren manchmal kcal/mst)

t = Temperatur °C

Δt = Temperaturdifferenz °C

T = Absolute Temperatur

w = Geschwindigkeit in m/sec

w_0 = Geschwindigkeit in m/sec des auf Normalzustand reduzierten Gases

a = Wärmeübergangszahl durch Konvektion in kcal/m², st, °C

a_s = Wärmeübergangszahl durch Strahlung

β = Gesamtübergangszahl

δ = Wandstärke in Metern

λ = Wärmeleitfähigkeit kcal/m, st, °C

c_p = Spezifische Wärme kcal/kg

C = (4,9) Strahlungszahl des schwarzen Körpers kcal/m², st, °C⁴

C_1, C_2 = Strahlungszahlen.

A) Durch Konvektion

Wärmeübergang $\qquad Q = a \cdot (t_1 - t_2)$

a: für Wasser siedend 2000 bis 6000 (mit t, Δt und Umlauf steigend)
  nicht siedend, ruhend, 500 bis 3000 (mit t und Δt steigend)
  fließend $300 + 1800 \sqrt{w}$ (w von 0,05 bis 2, mit t und Δt steigend)
  bei sehr dünnen Rohren bis doppelt so groß
  von Rührwerk bewegt 2000 bis 4000

Dampf kondensierend bis 10,000 und mehr (mit Luftfreiheit und guter Kondens-Wasserabfuhr steigend)

für Luft (nicht bewegt) stark von Δt abhängig

für senkrechte ebene Fläche $3 + 0,08 \Delta t \qquad$ für $\Delta t < 10°$

$$2,2 \sqrt[4]{\Delta t} \qquad \text{für } \Delta t > 10°$$

für wagrechte Rohre $\qquad 1,02 \sqrt[4]{\dfrac{\Delta t}{d}}$

für Rohre an die Außenluft bei Wind

$$\alpha = \frac{4\,w^{0,7}}{d^{0,3}}\,\text{kcal/m}^2,\,\text{st, }^0\text{C} \qquad\qquad w = \text{Windgeschwindigkeit m/sec}$$

ebene Flächen an Außenluft bei Wind

$$\alpha = 5{,}0 + 3{,}4\,w \qquad\qquad \text{bei w} < 5\,\text{m/sec}$$
$$\alpha = 6{,}14 + w^{0,78} \qquad\qquad \text{bei w} > 5\,\text{m/sec}$$

B) Wärmeleitung

$$Q = F\,\lambda\,\frac{t_1 - t_2}{\delta}\quad\text{für ebene Wand}$$

$$Q = \frac{2{,}73\,\lambda}{\log\dfrac{da}{di}}\,(t_i - t_a)\quad\text{für Rohre}$$

Werte von λ bei 20 bis 40^0 C

(von Temperatur, bei nicht dichten Körpern auch von Porosität und Feuchtigkeit stark abhängig)

Aluminium	175
Blei	30
Beton (Kiesbeton)	1,10 (trocken 0,6)
Eisen	30—55
Erdboden, lehmig, feucht	2
Erdboden, sandig	0,5
Hohlziegelmauerwerk	0,28
Ziegelmauerwerk 0,75 Außenmauer, 0,60 Innenmauer, feucht bis 1,2	
Holz, senkrecht zur Faser	0,13—0,20
Holz, parallel zur Faser	0,30
Kesselstein	1—3
Kupfer	260—340
Bronze	50—60
Maschinenöl	0,1
Messing	74—79
Nickel	50
Sand, fein, normal feucht	1,0 trocken 0,3
Wasser, ruhend	0,5 Lösungen weniger
Wasserdampf	0,01405 (1 + 0,00369 t)
Luft	0,01894 (1 + 0,00228 t) (rund 0,02)
Zink	95
Zinn	54

λ für Iso-

	Raum- gewicht kg	bei	
		— 200	— 150
Asbest, lose	470	0,072	0,102
Asbest, gestopft	702	0,134	0,181
Baumwolle, lufttrocken	81	0,0275	0,0325
Seide	100	0,02	0,027
Seidenzopf	147		
Schafwolle	136		
Korkmehl	161		
Korkplatten	119		
Korkplatten	280		
Korkplatten	464		
Sägemehl	200		
Glaswolle, gestopft, mit Drahtverstärkungen und äußerem Schutzmantel	307		
Schlackenwolle, gestopft	300		
Schlackenwolle, gestopft	450		
Hochofenschaumschlacke, hoch porös, lose .	360		
Kieselgur (Pulver)	150		
Kieselgur (kalziniert)	267		
Kieselgurstein	200		
Kieselgurstein, gebrannt	366		
Kieselgurstein, gebrannt	748		

λ für feuer-

	Porosität %	SiO_2 %	Al_2O_3 %
Schamotte	22	54	41
Kaolin	10,8	52	46
Kaolin	23,2		
Silika	30,4	97	
Magnesit	31,6		
Kaborundum			
Chromstein			

lierstoffe

Temperatur in °C							
— 100	— 50	0	+ 50	+ 100	+ 150	+ 200	+ 300
0,117	0,127	0,132	0,137	0,139			
0,189	0,195	0,201	0,207	0,213			
0,0379	0,0425	0,0480	0,0535	0,0590	0,065		
0,032	0,0379	0,0825	0,048	0,054			
		0,039	0,047	0,052			
		0,0331	0,042	0,050			
		0,031	0,041	0,048	0,052	0,055	
		0,031	0,035				
		0,040	0,050				
		0,082	0,087				
		0,05	0,06				
			0,087	0,108	0,149		
		0,0495	0,055	0,0605	0,072		
		0,0435	0,048	0,0525	0,062		
		0,09	0,12				
		0,046					
		0,05	0,0545	0,059	0,0675		
			0,071	0,078	0,092	0,105	0,120
			0,071	0,078	0,092	0,103	
			0,132	0,158	0,186		

feste Materialien

200°	400°	600°	800°	1000°	1200°	1400°	1600°
0,9	1,1	1,2	1,3	1.3	1,4	1,4	1,4
1,7	1,9	2,0	2,2	2,3	2,4	2,5	2,6
1,2	1,4	1,5	1,6	1,6	1,7	1,7	1,8
1,0	1,3	1,4	1,6	1,6	1,7	2,0	2,0
4,9	4,5	3,7	3,4	3,2	3,2	3,2	3,0
	18,5	15,9	13,7	11,9	10,5	9,5	
	1,34	1,4	1,44	1,47	1,48	1,49	

C) Wärmestrahlung

Für absolut schwarzen Körper mit der absoluten Temperatur T_1, in bsolut schwarzen Wänden mit der Temperatur T_2 eingeschlossen:

$$Q = C \left[\left(\frac{T_1}{100} \right)^4 - \left(\frac{T_2}{100} \right)^4 \right] \quad C, \text{ Strahlungszahl} = 4,9.$$

Für nicht schwarze Oberflächen ist die Strahlungszahl kleiner. trahlung paralleler naher Flächen

$$C = \frac{1}{\dfrac{1}{C_1} + \dfrac{1}{C_2} - \dfrac{1}{4,9}}$$

trahlung im geschlossenen Hohlraum

$$C = \frac{1}{\dfrac{1}{C_2} + \dfrac{F_2}{F_1} \left(\dfrac{1}{C_1} - 4,9 \right)}$$

hnlich, wie feste Körper, strahlen auch Flüssigkeiten. Auch einzelne tase, besonders Kohlensäure und Wasserdampf, strahlen, jedoch viel hwächer. Merklich wird diese Strahlung bei höheren Temperaturen twa über 500⁰) und merklichen Schichtstärken oder Prozentgehalten.

Werte für C:

bsolut schwarze Körper oder Hohlraum mit kleiner Öffnung. .   4,9
ampenruß   4,3
upfer, poliert   0,7
upfer, matt   3,1
upfer, aufgerauht   3,7
chmiedeeisen, hoch poliert   1,3
chmiedeeisen, blank   1,6
chmiedeeisen, matt (oxydiert)   4,3
ußeisen, rauh, stark oxydiert   4,4
erschiedene Steinsorten, glatt geschliffen, aber nicht glänzend. .   2—3,4
alkmörtel, rauh, weiß   4,3

D) Wärmedurchgang

Setzt sich zusammen aus dem Wärmeübergang aus einer Flüssigit (Gas) mit der Temperatur t_i an die Wand, der Wärmeleitung in der and und dem Übergang von der Wand an eine zweite Flüssigkeit mit r Temperatur t_a.

Für ebene Platten $Q = k \ (t_i - t_a)$

$$k = \dfrac{1}{\dfrac{1}{\beta_1} + \dfrac{\delta}{\lambda} + \dfrac{1}{\beta_2}};$$

Wenn die Wand aus 2 oder mehr Schichten von der Dicke δ_1 und $\delta_2 \dots \delta_n$ und der Wärmeleitzahlen λ_1 und $\lambda_2 \dots \lambda_n$ besteht:

$$k = \dfrac{1}{\dfrac{1}{\beta_1} + \dfrac{\delta_1}{\lambda_1} + \dfrac{\delta_2}{\lambda_2} + \dots \dfrac{\delta_n}{\lambda_n} + \dfrac{1}{\beta_2}}$$

Berechnung der Wandtemperaturen: $t_1 = t_i - \dfrac{k}{\beta_1} \ (t_i - t_a)$

$$t_2 = t_a + \dfrac{k}{\beta_2} \ (t_i - t_a)$$

Bei Wärmedurchgang durch eine ebene dünne Metallwand, besonders Messing, zwischen Luft (Gas) und Wasser, siedend oder nicht siedend, oder gesättigtem Wasserdampf, kann meistens gesetzt werden k gleich dem von Luft, Oberflächentemperatur gleich der Temperatur des Wassers (Dampfes).

$$k \text{ von Luft an Luft} = \dfrac{a_1 \cdot a_2}{a_1 + a_2}.$$

Bei Wärmedurchgang von Dampf

an siedendes Wasser . . . . $k = 3000$ bis 5000

an nicht siedendes ruhendes Wasser . . . . $k = \ \ 300$,, $\ \ 600$

an nicht siedendes strömendes Wasser . . . . $k = 1700 \ \sqrt[3]{w}$

(w von 0,05 bis 2 m/sec)

an nicht siedendes durch Rührwerk bewegtes Wasser $k = 1500$ bis 2500

Durchgehende Wärmemengen für Rohrwandungen. Hiebei ist der Unterschied der inneren und äußeren Oberfläche zu berücksichtigen. Auch wird meist der Wärmeverlust für 1 m Rohrlänge, nicht 1 m² bestimmt.

$$\text{Hiefür ist } k = \dfrac{\pi}{\dfrac{1}{d_a \beta_a} + \dfrac{1,15}{\lambda} \log \dfrac{d_a}{d_i} + \dfrac{1}{d_i \beta_i}}$$

Beim Wärmeübergang von kondensierendem Dampf an Kühlwasser ist die Kühlfläche, wenn das Kondensat abgekühlt wird, für Kondensieren und Abkühlen gesondert zu berechnen.

Wärmeverlust isolierter Rohrleitungen

$$Q = \frac{\pi (t_i - t_a)}{\dfrac{1}{\beta_a d_a} + \dfrac{1}{\beta_i d_i} + \dfrac{1,15}{\lambda\,\text{Rohr}} \log \dfrac{d_i}{d} + \dfrac{1,15}{\lambda\,\text{Isol.}} \log \dfrac{d_a}{d_i}} \quad \text{per m Rohrlänge.}$$

$$d = \text{lichte Rohrweite,}$$

Wegen zulässiger Vernachlässigung des inneren Wärmeüberganges nd der Wärmeleitung des Metallrohres

$$Q = \frac{\pi (t_i - t_a)}{\dfrac{1}{\beta_a\,d_a} + \dfrac{1,15}{\lambda\,\text{Isol.}} \log \dfrac{d_a}{d_i}} \quad \text{per m Rohrlänge.}$$

Zur Berechnung von isolierten Dampfleitungen siehe Mitteilung 2 es Forschungsheimes für Wärmeschutz in München; ferner für lange)ampfleitungen zur raschen Auswertung:

Rundschreiben Düsseldorf Nr. 251;

Wärmeschutzwissenschaftliche Mitteilungen 1925 (II) Nr. 6 (Zahlen-afeln), herausgegeben von Reinhold u. Co., Berlin SW 61, Belle-Alliance-'latz 5. Daraus wird der Einheitsverlust per m Rohrlänge in kcal/m, t, ⁰ C, gefunden; Temperaturabfall am einfachsten aus den Diagrammen 'afel II der Mitteilung 5 des Forschungsheimes für Wärmeschutz, München. Verluste nackter Rohrleitungen und nicht isolierter Flanschen, 'entile usw. am einfachsten nach Mitteilung 51, Düsseldorf.

Literaturverzeichnis

Verschiedene Aufsätze in der Zeitschrift des V. D. I., besonders von 'usselt und Zeitschr. für technische Physik, besonders von Schack.

Mitteilung der Wärmestelle Düsseldorf, 1923, Nr. 51 und 55.

Mitteilungen des Forschungsheimes für Wärmeschutz in München.

Gröber, H.: Einführung in die Lehre der Wärmeübertragung. Berlin: . Springer. 1926.

Bosch, M.: Die Wärmeübertragung, 2. Aufl. Berlin: J. Springer. 1927.

Merkel: Die Grundlage der Wärmeübertragung. Dresden: Th. Stein-opf. 1927.

Schmidt: Wärmestrahlung technischer Oberflächen bei gewöhnlicher 'emperatur. München: R. Oldenbourg. 1927.

VII. Auswahl wichtiger Bestimmungen, Vorschriften, Regeln u. dgl.

1. Gesetze und Verordnungen

Empfohlene Ausgaben:

Die österreichische Gewerbeordnung
Text in der vom 1. September 1925 an geltenden Fassung, zusammengestellt von Dr. Egon Praunegger

Graz: Leykam

Das österreichische Gewerberecht nebst den einschlägigen sozialpolitischen, technischen, sanitäts- und veterinär-polizeilichen Vorschriften mit Berücksichtigung der Rechtsprechung von Dr. Egon Praunegger

Graz: Leykam. 1924—1926

Das allgemeine Berggesetz in der durch das Verwaltungsentlastungsgesetz geänderten Form
Nach dem Stande vom 30. September 1925, herausgegeben von Dr. E. Mannlicher und Dr. E. Coreth

Die Gesetze zur Vereinfachung der Verwaltung:

Verwaltungsverfahrensgesetz

Verwaltungsentlastungsgesetz

Heft 288 der Handausgabe österreichischer Gesetze und Verordnungen. Wien: Österreichische Staatsdruckerei. 1926

Bauordnung für das Herzogtum Steiermark mit Ausnahme der Landeshauptstadt Graz

Graz: Leykam. 1913

Verordnung vom 15. Juli 1927, betreffend Dampfkessel, Dampfgefäße, Druckbehälter und Wärmekraftmaschinen

RGBl. 1927, Nr. 227

Sonstige:

Gesetzausgabe der Kammer für Arbeiter und Angestellte in Wien	Band IV. Wien: Wiener Volksbuchhandlung. 1925
n der erwähnten Ausgabe auch Sammlung sonstiger Gesetze und Verordnungen soweit in ihnen Arbeiterschutzbestimmungen enthalten sind	
Elektrizitäts-Wegegesetz	} 7. Auflage. Graz: Leykam. 1926
Starkstromverordnung	
Die neuen elektrizitätsrechtlichen Vorschriften von Ulberth und Kersegg	
Elektroinstallationsverordnung	
Betriebskonzessionsverordnung	
t. Erl. und Durchführungsbestimmung	zum Teil auch in „Praunegger"
Telegraphengesetz und -Verordnung	zum Teil auch in „Öst. Kal. für El."
Sicherheitsvorschriften für elektrische Starkstromanlagen, gültig ab 1. September 1927, samt Sondervorschriften für Theater und für Bergwerke	Ausgabe der ETV. in Wien oder „Österreichischer Kalender für Elektrotechniker". München: R. Oldenbourg. 1927
Vorschriften betr. die eichamtlichen Prüfungen und Beglaubigungen von Elektrizitäts-Verbrauchsmessern	RGBl. CXV. Stück, 29. Dezember 1903 samt Nachträgen
Allgemeine Bergpolizeivorschriften für den Bezirk des k. k. Revierbergamtes Leoben	Im Selbstverlag der Revierbergämter
Anweisung für die Revierbergbeamten betr. der Befahrung der Schächte am Seil	Berghauptmannschaft Klagenfurt, B. H. Z. 911 de 1907, ergänzt bis 1908
Siehe auch Index, Bundes-(Staats-) Gesetzblatt für die Republik Österreich für die Zeit vom 30. Oktober 1918 bis . . . . . Zusammengest. von Stefanovicz	(jeweils neueste Auflage). Wien: Österreichische Staatsdruckerei

Schlagwörterbuch für den politisch autonomen Verwaltungsdienst für Wien und Niederösterreich (Register der erlassenen noch gültigen Bundes-[Staats-, Reichs-] und niederösterreichischen Landesgesetze, Verordnungen und Kundmachungen)

(jeweils neueste Auflage, bezw. Nachträge)

Wien: Selbstverlag der niederösterreichischen Landesregierung

2. Sonstige Vorschriften, Regeln, Normen u. dgl.

Vorschriftenbuch des Verbandes deutscher Elektrotechniker	14. Aufl. Berlin: J. Springer. 1926
Erläuterungen zu den Vorschriften für die Errichtung und den Betrieb elektrischer Starkstromanlagen einschließlich Bergwerksvorschriften. Im Auftrage des V. d. E. herausgegeben von Dr. Cl. Weber	15. Aufl. Berlin: J. Springer. 1927
Ö-Normen. Auswahl der wichtigsten und der in Betracht kommenden deutschen „Dinormen"	Alpine-Handbuch
Richtlinien für den Einkauf von Schmiermitteln	4. Aufl. Düsseldorf: Stahleisen. 1925
Die Transformatoren- u. Schalteröle	Berlin: Verlag der E.-Werke, 1923

Regeln für Abnahmeversuche an Dampfanlagen
Regeln für Leistungsversuche Ventilatoren und Kompressoren
} Aufgestellt vom Verein deutscher Ingenieure. Berlin: VDI.-Verlag 1925

Dienstvorschriften für Dampfkesselwärter
Dienstvorschriften für Dampfmaschinenwärter
} der Dampfkesseluntersuchungs- und Vers.-Ges. A.-G., Wien. 1917 bezw. 1913

Dienstordnung für Arbeiter
Dienstvorschriften für einzelne Arbeiterkategorien und Betriebe
Sprengmittelbetriebsordnung
} Von den einzelnen Werksverwaltungen herausgegeben

Behandlungsvorschriften für Maschinen, Transformatoren und sonstige technische Einrichtungen (z. B. Seile) oder Materialien (z. B. Riemenadhäsionsmittel), Kesselsteinlösemittel usw.
} Von den verschiedenen Firmen meist den Einrichtungen jeweils beigegeben

VIII. Anhang. Verschiedene Hilfstafeln

A) Tilgungstafel für Investitionen

Annahme: ganzjährige Verzinsung und einjährige Karenz (d. i. Erträgnislosigkeit wegen Bauzeit und Einarbeitung)

Verhältnis der jährlichen Ersparnis zu den Anlagekosten

Die Tafel zeigt die Abhängigkeit der Tilgungsdauer vom jährlichen Erträgnis („Verhältnis der jährlichen Ersparnis zu den Anlagekosten") und dem Zinsfuß für Leihkapital. Es ist dabei der Einfachheit halber angenommen, daß das ganze Baukapital auf einmal zu Beginn des Baues entliehen wird und daß Erträgnisse erst ein Jahr nach Baubeginn anerlaufen.

Beispiel: Investition S 500.000,—, Zinsfuß $10^0/_0$, ein Jahr nach Baubeginn fängt die Anlage an, alljährlich S 100.000,— abzuwerfen. Ersparnis; Anlagekosten = 0,2, daher Tilgungsdauer nach der Tafel etwa $1/_8$ Jahre.

Sachverzeichnis

Sachverzeichnis

Sachregister

Sprach... ...ung... ...heen... ...pumde von 45
  Benzol 24
Stadt... o. Vrba... ...ung 31   Protoffen, Copal, Nina... 85
  ...teer du... ...en du...
...lische ...urteil 24   ...mne Mea Abzugen Tell-
Stadtbau ... Wirkt 24   AIReset a... w... Augzugeben
          42
Staten... Umstell... der Mar-   Brancoptymer, AL-
  ...teer 24   ...
Stizzmittel, ph... ...eral 37   ...iffer 4 S...

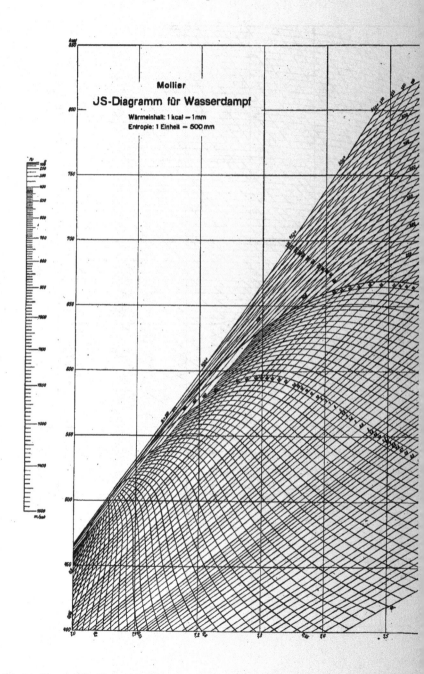

Mollier

JS-Diagramm für Wasserdampf

Wärmeinhalt: 1 kcal = 1 mm
Entropie: 1 Einheit = 500 mm

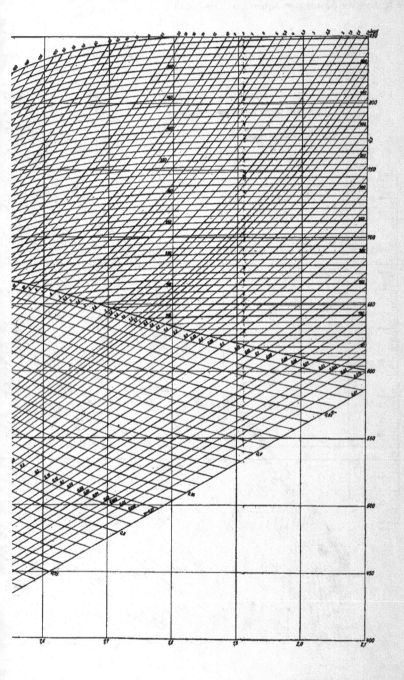

B) Druckverluste in Dampfleitungen d

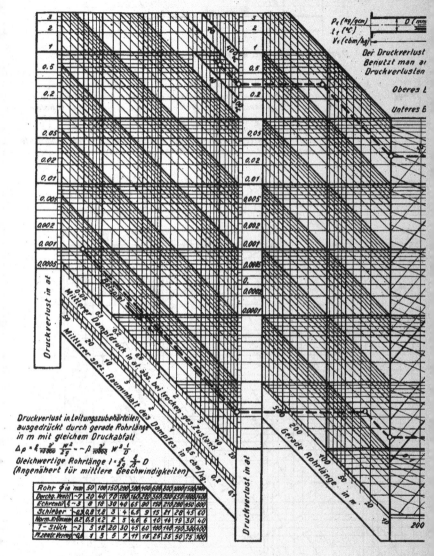

derstände in Wasserleitungen

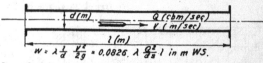

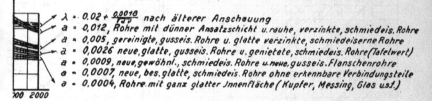

$$w = \lambda \frac{l}{d} \frac{v^2}{2g} = 0.0826 \, \lambda \frac{Q^2}{d^5} l \text{ in m WS.}$$

Der Druckverlust w ist proportional der Rohrlänge l.

λ = 0.02 + $\frac{0.0018}{d^5}$ nach älterer Anschauung

a = 0.012, Rohre mit dünner Ansatzschicht u. rauhe, verzinkte, schmiedeis. Rohre

a = 0.005, gereinigte, gusseis. Rohre u. glatte verzinkte, schmiedeiserne Rohre

a = 0.0026 neue, glatte, gusseis. Rohre u. genietete, schmiedeis. Rohre (Tafelwert)

a = 0.0009, neue, gewöhnl., schmiedeis. Rohre u. neue, gusseis. Flanschenrohre

a = 0.0007, neue, bes. glatte, schmiedeis. Rohre ohne erkennbare Verbindungsteile

a = 0.0004, Rohre mit ganz glatter Innenfläche (Kupfer, Messing, Glas u.sf.)

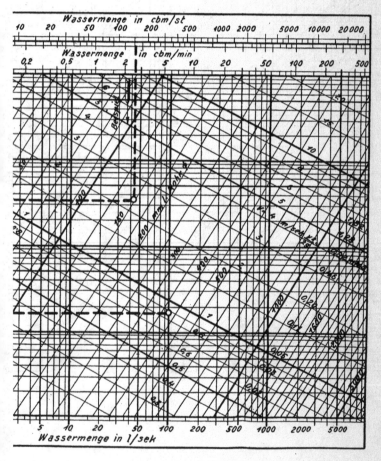

C) Druckverluste durch Rohrwiderständ

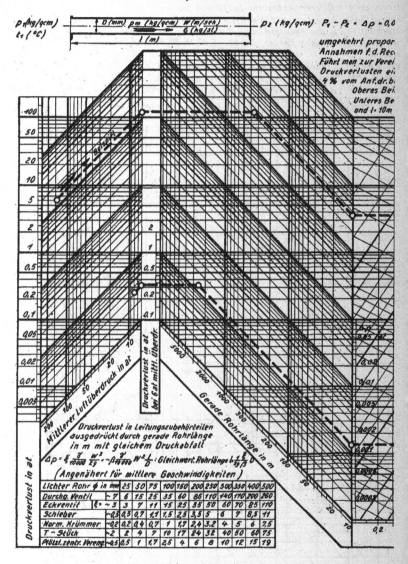

le in Druckluftleitungen

$0125 \beta R T_1 \dfrac{G^2}{D^5} \dfrac{l}{p_m}$

Der Druckabfall Δp ist proportional der Rohrlänge l und
tional dem mittleren, absoluten Luftdruck p_m

hnung: Ansaugezust. $p_0 = 1,033$ at abs. $= 760$ mm QS, $t_0 = 15°C = t_1$, $R = 29,27$, $\beta = \frac{286}{6148}$ (Hütte 1915)
nfachung f. p_m den Anfangsdruck p_1 i. d. Rechnung ein, so begeht man b. d. üblichen
nen bedeutungslosen Fehler, der bei 5, 10, 15, 20, 25 % Druckabfall ~0·2, 0·7, 1·5, 2·4,
eträgt.

sp.: $\Delta p = 6$ at, $p_1 = 15$ at Überdr., $p_m = \frac{151+145}{2} = 148$ at abs, $l = 350$ m, $V_0 = 1,2$ cbm/min, $D \sim 9$ mm
isp.: $V_0 = 200$ cbm/min, $D = 275$ mm, $l = 2500$ m, $p_1 = 8$ at Überdr.: bei 6 at Ü. ($W = 50\frac{7}{151} = 2,3$ m/sek)
ist $\Delta p = 0,0014$ at, bei $l = 2500$ m $\Delta p = 0,33$ at, bei 8 at Überdr. $\Delta p = 0,26$ at. ($W = 8\frac{7}{9} = \sim 6,2$ m/sek)

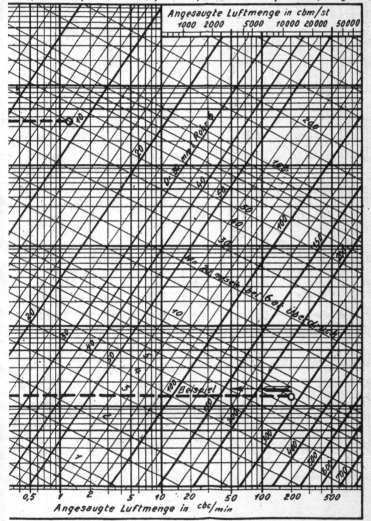

D) Druckverluste durch Rohrwiderstä

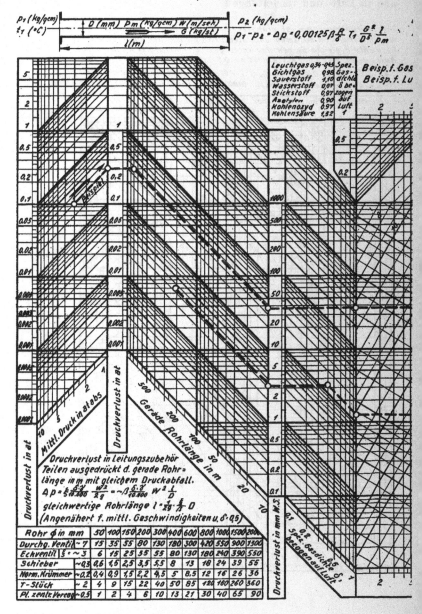

nde in Luft- und Gasleitungen

Der Druckverlust Δp ist proportional der Rohrlänge l und umgekehrt proportional dem mittleren absoluten Druck p_m und der spezifischen Gasdichte δ, gleiche Gasgewichte vorausgesetzt. Annahmen f.d.Rechnung: Ansaugezust. $p_0 = 1,033$ at abs. $= 760$ mm Q.S, $t_0 = 15\,°C = t_1$

: $V_0 = 350\,^{cbm}/_{st}$, $\delta = 0,4$, $D = 110$ mm ∮, $l = 200$ m : $\Delta p = 700$ mm W.S $(W = \sim 8\,m/sek)$
ft : $\Delta p = 0,1$ at, $p_m = 3$ at abs. $l = 800$ m, $V_0 = 20000$ cbm/st : $D = 400$ mm ∮ $(W = \sim 45\,\frac{1,033}{3} = 15\,m/sek)$

Gasmenge von atmosphärischer Spannung in cbm/st.

Luftmenge von atmosphärischer Spannung in cbm/st

Manzsche Buchdruckerei, Wien IX

E) Druckverluste durch Rohrwi

*Druckverlust in Leitungszubehörteilen,
ausgedrückt durch gerade Rohrlänge
in m. mit gleicher Widerstandshöhe*

$$w = \xi \frac{v^2}{2g} = \lambda \frac{1}{d} \frac{v^2}{2g}$$

gleichwertige Rohrlänge $l = \frac{\xi}{\lambda} d$

(Angenähert für mittlere Geschwindigkeiten)

Rohr ⌀ in mm	50	100	150	200	300	400	600	800	1000	1500	2000
Durchgangsventil	7	10	25	45	70	110	150	250	370	500	900
Eckventil	1,5	3	5	12	20	30	45	70	110	160	210
Schieber	0,3	0,5	1,2	2	3	4,5	7	11	16	24	33
Norm. Krümmer	0,2	0,3	0,6	1,3	2	3	4,5	7	10	14	23
T Stück	2	3	6	13	20	30	45	70	100	140	230
Pl. zentr. Vorgang	0,3	1	2	5	5	8	11	18	25	35	60

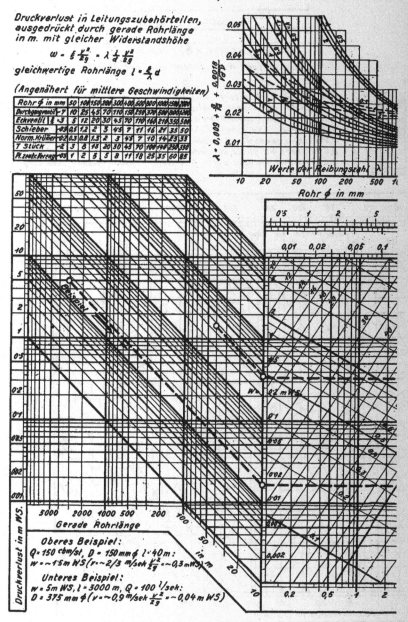

Werte der Reibungszahl λ

Rohr ⌀ in mm

Gerade Rohrlänge

Druckverlust in m WS.

Oberes Beispiel:
$Q = 150$ cbm/st, $D = 150$ mm ⌀ $l = 40$ m:
$w = \sim 15$ m WS $(v = \sim 2/3$ m/sek $\frac{v^2}{2g} = \sim 0,3$ m WS$)$

Unteres Beispiel:
$w = 5$ m WS, $l = 3000$ m, $Q = 100$ ¹/sek:
$D = 375$ mm ⌀ $(v = \sim 0,9$ m/sek $\frac{v^2}{2g} = \sim 0,04$ m WS$)$

missionsverlag von Julius Springer in Wien

derstände in Wasserleitungen

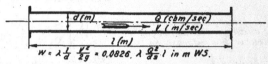

$$w = \lambda \frac{l}{d} \frac{v^2}{2g} = 0.0826 \, \lambda \frac{Q^2}{2s} \, l \text{ in m WS}.$$

Der Druckverlust w ist proportional der Rohrlänge l.

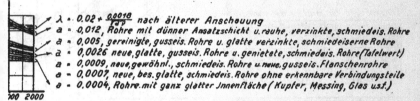

$\lambda = 0.02 + \frac{0.0018}{v \cdot d}$ nach älterer Anschauung

$a = 0.012$, Rohre mit dünner Ansatzschicht u. rauhe, verzinkte, schmiedeis. Rohre

$a = 0.005$, gereinigte, gusseis. Rohre u. glatte verzinkte, schmiedeiserne Rohre

$a = 0.0026$ neue, glatte, gusseis. Rohre u. genietete, schmiedeis. Rohre (Tafelwert)

$a = 0.0009$, neue, gewöhnl., schmiedeis. Rohre u. neue, gusseis. Flanschenrohre

$a = 0.0007$, neue, bes. glatte, schmiedeis. Rohre ohne erkennbare Verbindungsteile

$a = 0.0004$, Rohre. mit ganz glatter Innenfläche (Kupfer, Messing, Glas usf.)

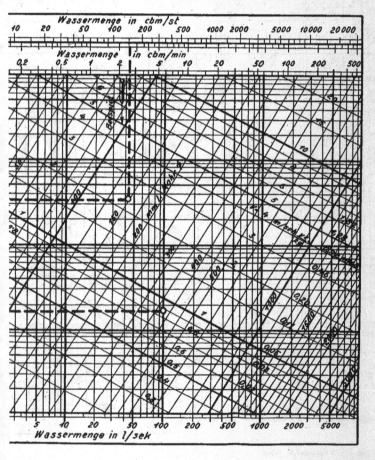

Lehrbuch der Bergbaukunde mit besonderer Berücksichtigung des Steinkohlenbergbaues. Von Prof. Dr.-Ing. e. h. **F. Heise,** Direktor der Bergschule
zu Bochum und Prof. Dr.-Ing. e. h. **F. Herbst,** Direktor der Bergschule zu
Essen. In 2 Bänden.

    Erster Band: Gebirgs- und Lagerstättenlehre. Das Aufsuchen der
Lagerstätten (Schürf- und Bohrarbeiten). Gewinnungsarbeiten. Die Gruben-
baue. Grubenbewetterung. Fünfte, verbesserte Auflage. Mit 580 Abbildungen und einer farbigen Tafel. XIX, 626 Seiten. 1923. Gebunden RM 11,—

    Zweiter Band: Grubenausbau. Schachtabteufen. Förderung. Wasser-
haltung. Grubenbrände. Atmungs- und Rettungsgeräte. Dritte und vierte,
verbesserte und vermehrte Auflage. Mit 695 Abbildungen. XVI, 662 Seiten.
1923. Gebunden RM 11,—

Kurzer Leitfaden der Bergbaukunde. Von Prof. Dr.-Ing. e. h. **F. Heise,**
Direktor der Bergschule zu Bochum und Prof. Dr.-Ing. e. h. **F. Herbst,**
Direktor der Bergschule zu Essen. Zweite, verbesserte Auflage. Mit 341
Textfiguren. XII, 224 Seiten. 1921. RM 5,20

Einführung in die Markscheidekunde mit besonderer Berücksichtigung
des Steinkohlenbergbaues. Von Dr. **L. Mintrop,** Leiter der berggewerk-
schaftlichen Markscheiderei, ord. Lehrer an der Bergschule zu Bochum.
Zweite, verbesserte Auflage. Mit 191 Figuren und 5 mehrfarbigen Tafeln
in Steindruck. VIII, 215 Seiten. 1916. Unveränderter Neudruck 1923.
Gebunden RM 6,75

Die Bergwerksmaschinen. Eine Sammlung von Handbüchern für Betriebs-
beamte. Unter Mitwirkung von zahlreichen Fachgenossen herausgegeben
von **Hans Bansen,** Dipl.-Bergingenieur, ord. Lehrer an der Bergschule zu
Preiskretscham. In sechs Bänden. Es liegen vor:

    Dritter Band: **Die Schachtfördermaschinen.** Zweite, vermehrte und
verbesserte Auflage, bearbeitet von **Fritz Schmidt** und **Ernst Förster.**

        3 Teile in einen Band gebunden RM 31,50

    I. Teil: Die Grundlagen des Fördermaschinenwesens. Von
Dr. Fritz Schmidt, Professor an der Technischen Hochschule Berlin.
Mit 178 Abbildungen im Text. VIII, 209 Seiten. 1923. RM 8,40

    II. Teil: Die Dampffördermaschinen von Dr. Fritz Schmidt,
Professor an der Technischen Hochschule Berlin. Mit 231 Abbildungen im
Text. VII, 291 Seiten. 1927. RM 15,—

    III. Teil: Die elektrischen Fördermaschinen. Von Prof. Dr.
Ing. Ernst Förster, Magdeburg. Mit 81 Abbildungen im Text und auf
einer Tafel. VII, 154 Seiten. 1923. RM 6,—

    Sechster Band: **Die Streckenförderung.** Von Dipl.-Berging. Hans
Bansen. Zweite, vermehrte und verbesserte Auflage. Mit 593 Textfiguren. XII, 444 Seiten. 1921. Gebunden RM 18,—

Lehrbuch der Bergwerksmaschinen. Kraft- und Arbeits-
maschinen.) Von Dr. **H. Hoffmann,** Ingenieur, Bochum. Mit 523 Textabbildungen. VIII, 372 Seiten. 1926. Gebunden RM 24.—

Die Praxis des Eisenhüttenchemikers. Anleitung zur chemischen Untersuchung des Eisens und der Eisenerze. Von Prof. Dr. **Carl Krug**, Berlin. Zweite, vermehrte und verbesserte Auflage. Mit 29 Textabbildungen. VIII, 200 Seiten. 1923. RM 6,—; gebunden RM 7,—

Metallurgische Berechnungen. Praktische Anwendung thermochemischer Rechenweise für Zwecke der Feuerungskunde, der Metallurgie des Eisens und anderer Metalle. Von Prof. **Josef W. Richards**, A. C. Ph. D., Lehigh-Universität. Autorisierte Übersetzung nach der zweiten Auflage von Prof. Dr. **Bernhard Neumann**, Darmstadt und Dr.-Ing. **Peter Brodal**, Christiania. XV, 599 Seiten. 1913. Unveränderter Neudruck 1925.

Gebunden RM 24,—

Vita-Massenez, Chemische Untersuchungsmethoden für Eisenhütten und Nebenbetriebe. Eine Sammlung praktisch erprobter Arbeitsverfahren. Zweite, neubearbeitete Auflage von Ing.-Chemiker **Albert Vita**, Chefchemiker der Oberschlesischen Eisenbedarfs-A.-G., Friedenshütte. Mit 34 Textabbildungen. X, 198 Seiten. 1922. Gebunden RM 6,40

Aus den Besprechungen:

Das Buch ist in erster Linie für den in der Praxis tätigen Fachmann bestimmt. Es enthält sich daher der theoretischen Erörterungen oder streift sie nur dort, wo es sich um neu aufgenommene oder verwickelte Verfahren handelt. Bei der Auswahl der Verfahren ist vor allem der Gesichtspunkt maßgebend gewesen, daß sie sich in der Praxis bewährt haben. Neben den Untersuchungsverfahren für Erze, Zuschläge, Roheisen, Stahl und Schlacken werden auch die für Kokereierzeugnisse, Gase, Wasser, ferner für Schmiermittel und Nichteisen-Metalle gebührend behandelt. Die bis jetzt veröffentlichten Arbeiten des Chemikerausschusses des Vereins Deutscher Eisenhüttenleute sind im vollen Umfange berücksichtigt worden. . . . .

. . . . Das Buch kann zur weitesten Verbreitung nur dringend empfohlen werden, umsomehr, als der Name des Verfassers für seine Zuverlässigkeit und seinen Wert bürgt.
(Zeitschrift des Vereines deutscher Ingenieure)

Beobachtungsbuch für markscheiderische Messungen. Herausgegeben von **G. Schulte** und **W. Löhr**, Markscheider der Westf. Berggewerkschaftskasse und ord. Lehrer an der Bergschule zu Bochum. Vierte, verbesserte und vermehrte Auflage. Mit 18 Textfiguren und 15 ausführlichen Messungsbeispielen nebst Erläuterungen. 152 Seiten. 1922. RM 2,50

Der Flotations-Prozeß. Von **C. Bruchhold**, gepr. Bergingenieur. Mit 96 Textabbildungen. VIII, 288 Seiten. 1927. Gebunden RM 27,—